普通高等教育“十三五”规划教材

化工专业英语

English for Chemical Engineering and Technology

主编　贾长英　张晓娟

中国石化出版社

内 容 提 要

本书按照化工专业英语的特点与翻译理论—化工基础—专业阅读与拓展—实用写作的逻辑顺序进行编写，内容涉及化工英语翻译方法与构词、化学化工中常用基础知识与单元操作，以及与精细化工、能源化工和现代化工有关的英文文献。

本书的编写内容由浅入深，注重实用，可作为高等院校应用化学、化学化工、能源化工、精细化工等相关专业学生的专业英语教材，也可作为相关技术人员的英文参考用书。

图书在版编目(CIP)数据

化工专业英语／贾长英,张晓娟主编．—北京：中国石化出版社，2018.4(2023.2重印)
普通高等教育“十三五”规划教材
ISBN 978-7-5114-4844-6

Ⅰ.①化… Ⅱ.①贾… ②张… Ⅲ.①化学工业-英语-高等学校-教材 Ⅳ.①TQ

中国版本图书馆CIP数据核字(2018)第060275号

中国石化出版社出版发行

地址:北京市东城区安定门外大街58号
邮编:100011 电话:(010)57512500
发行部电话:(010)57512575
http://www.sinopec-press.com
E-mail:press@sinopec.com
北京富泰印刷有限责任公司印刷
全国各地新华书店经销

*

787×1092毫米 16开本 10.5印张 261千字
2023年2月第1版第3次印刷
定价:30.00元

前　言

《化工专业英语》以人才培养质量观为立足点，以培养化工行业需要的应用型人才为目标，以化工生产过程基本程序为主线，以模块形式系统介绍化工专业英语的特点与常用翻译方法、化工生产中常见化学物质的英文表达法、化工单元操作及常用设备的选择、精细化学品类型与应用、能源化工技术、安全工程、现代化工以及仪器分析技术和化工英语论文写作等内容。

本书的选材与设计以基础性与时代性、技术性与实用性相结合为原则，以化工专业英语特点和翻译技巧为理论前提，以化学基础和化工单元操作为基础，以精细化工和能源化工为专业方向，以现代化工为专业拓展，按照翻译理论—化工基础—专业阅读—专业拓展—应用写作的总思路进行编写，内容涉及化工英语特点、翻译原则和方法、基础化学和化工单元操作中常见物质和设备的英文表达，以及多种精细化学品、煤化工、石油化工、新能源发展和安全工程、绿色化工、石墨烯材料等现代化工专业文献的阅读实践，突出内容基础性与技术实用性和现代化工时代性相结合的特点，可为化工行业应用型人才培养打下坚实的基础。

本书特色是编写采用模块式，选材篇幅得当，内容叙述简明，化工技术实用，将化工专业知识与英语语言学习进行有机融合，注重技术语言应用能力培养，做到注重实践应用、辅助专业拓展、服务行业需求、面向社会发展，可为化工行业应用型人才的培养提供专业支撑。书中内容编排由浅入深，逻辑顺序清晰，符合认知规律；主要阅读材料之后附有生词学习汇总和构词规律总结，便于学生自学和拓展提高。

参加本书编写的人员有：贾长英负责整体框架的构思和第 1 单元和第 2 单元的编写，张晓娟负责第 3 单元、李辉负责第 4 单元、邹明旭负责第 5 单元的编写，第 6 单元和第 7 单元由北京路德永泰环保科技公司的李泓睿和魏艳萍编写，第 8 单元和化学方程式由沈阳工业大学石油化工学院 2015 级研究生崔娜同学完成，全书由沈国良、张曼主审。

本书的完成得益于学校各级领导陈延明、沈国良、李素君、朱海峰、程军等老师的大力支持，在此表示衷心感谢。并对书后列出的和由于查证困难而未能列出的国内外相关材料的作者和撰写人，一并表示真诚的感谢！

由于编者水平有限，书中不足在所难免，在此敬请读者指正为盼。

Contents

1 **Overview of English for Chemical Engineering and Technology**

化工专业英语概述 …………………………………………………………… (1)

1.1 Basic Contents and Learning Targets of ECET 化工专业英语内容与目标 ……… (1)

1.2 Characteristics of ECET 化工专业英语特点 ……………………………… (1)

1.3 Reading and Translation of ECET 化工专业英语阅读与翻译 ………………… (12)

1.4 Translation Methods and Skills in ECET 化工专业英语翻译方法与技巧………… (15)

2 **General Chemistry 基础化学** …………………………………………… (28)

2.1 Elements and Periodic Table 元素及周期表 ……………………………… (28)

2.2 Nomenclature of Inorganic Substances 无机物的命名……………………… (33)

2.3 Classification and Nomenclature of Organic Compounds 有机物分类与命名……… (39)

2.4 Nomenclature of Hydrocarbons 烃的命名 ………………………………… (43)

2.5 Alcohols, Phenols and Ethers 醇、酚和醚…………………………………… (50)

2.6 Aldehydes and Ketones 醛和酮 …………………………………………… (56)

2.7 Derivatives of Carboxylic Acids 羧酸衍生物 ……………………………… (60)

3 **Unit Operation and Equipment of Chemical Engineering 化工单元操作及设备** … (68)

3.1 Introduction to Unit Operations of Chemical Engineering

化工单元操作简介 ……………………………………………………… (68)

3.2 Heat Transfer 热传递 …………………………………………………… (69)

3.3 Chemical Reactors 化学反应器 …………………………………………… (71)

3.4 Distillation and Equipment 蒸馏及设备 …………………………………… (74)

3.5 Crystallization and Crystallizer 结晶与结晶器……………………………… (78)

3.6 Drying and Dryers 干燥与干燥器 ………………………………………… (83)

4 **Fine Chemicals 精细化学品** ……………………………………………… (89)

4.1 Reagents and Catalysts 试剂与催化剂 …………………………………… (89)

4.2 Pigments, Dyes and Coatings 颜料、染料与涂料………………………… (91)

4.3 Surfactants(Structure, Types and Applications)

表面活性剂(结构、类型与应用)…………………………………………… (95)

4.4 Cosmetics and Toiletries 化妆品和盥洗用品 ……………………………… (104)

5 Energy Chemical Industry 能源化工 …… (106)
5.1 Coal and Natural Gas 煤与天然气 …… (106)
5.2 Processing and Utilization of Coal 煤的加工与利用 …… (107)
5.3 Summary of Coal Chemical Technology 煤化工技术概述 …… (109)
5.4 Coal Gasification Process 煤气化工艺 …… (111)
5.5 Traditional and Modern Coal Chemical Products 传统与现代煤化工产品 …… (112)
5.6 Petrochemical Industry 石油化学工业 …… (114)
5.7 Energy Industry 能源工业 …… (121)
6 Safety Engineering 安全工程 …… (128)
6.1 Safety Management 安全管理 …… (128)
6.2 Basis Principles for Controlling Chemical Hazards 化学危险管理原则 …… (131)
7 Modern Chemical Industry 现代化工 …… (135)
7.1 Classification of Modern Chemical Industries 现代化工分类 …… (135)
7.2 Green Chemistry 绿色化学 …… (136)
7.3 Chemical Product Design 化工产品设计 …… (139)
7.4 Graphene 石墨烯 …… (141)
8 Practical Writing 实用写作 …… (144)
8.1 Principles and Skills of the English Topic of Scientific Papers
科技论文英文题目的撰写原则及技巧 …… (144)
8.2 Types, Structure and Stylistic Requirements of the Abstract
论文摘要的种类、结构与文体要求 …… (146)
8.3 Common Sentence Patterns and Expressions in Scientific Paper Writing
科技论文写作的常用句型和表达方法 …… (147)
8.4 Key Points in English Writing for Scientific Papers
科技论文的英文写作要点 …… (149)
8.5 Examples of Practical Writing 实用写作示例 …… (152)
9 Introduction to Analytical Instruments 分析仪器简介 …… (155)
9.1 Gas Chromatographic Instrumentation 气相色谱仪 …… (155)
9.2 Atomic Absorption Spectrometry 原子吸收光谱法 …… (156)
9.3 Ultraviolet and Visible Spectrophotometer 紫外-可见分光光度计 …… (156)
9.4 Infrared Spectrometer 红外光谱仪 …… (157)
9.5 Nuclear Magnetic Resonance Spectrometry 核磁共振波谱 …… (157)
9.6 Mass Spectrometer 质谱仪 …… (158)
References …… (160)

1 Overview of English for Chemical Engineering and Technology 化工专业英语概述

1.1 Basic Contents and Learning Targets of ECET 化工专业英语内容与目标

化工专业英语(ECET：English for Chemical Engineering and Technology)是针对高素质应用型人才培养目标要求，结合科学技术本身的性质要求和化工生产的实践过程，将专业英语与化工生产技术相结合，以化工生产过程以及化工企业专业实践的视角进行选材和编写，将化工专业知识与英语语言学习进行有机融合，并做到辅助专业拓展、注重工程应用、面向社会发展、服务行业需求，使学生在掌握常用化学化工构词规律、命名规则、术语表达与翻译方法的语言学习基础上，逐步掌握化工生产中的专业技术知识和化工领域的最新发展成果以及本专业常用术语英文表达及使用。其基础内容有：化工英语构词规律、语法特点、翻译方法；常见化学元素英文名称及规律；无机物(酸、碱、盐、氧化物)、有机物(烷、烯、炔、醇、酚、酮、羧酸、胺、醚、酯)的系统命名方法及构词规律；典型单元操作过程及主要设备的使用，现代化工和安全管理等；涉及的专业有应用化学、精细化工、能源化工、煤化工等。

通过学习《化工专业英语》课程，能熟练进行专业文献阅读与翻译(如生产工艺流程说明、操作说明、设备使用说明)，巩固和提高化工专业能力；能运用化工专业英语常见词汇和句型撰写工作过程报告、生产记录、产品说明等应用文，汇报专业实践工作，提升英语的应用能力；获得在职场环境下使用英语进行专业学习与交流的能力；熟悉科技论文的书写格式，以及相关合同的翻译方法，促进职业生涯的拓展和可持续发展。

1.2 Characteristics of ECET 化工专业英语特点

化工专业英语属于科技英语的范畴，是用英语阐述化工生产过程中的理论、技术、设备、现象等的英语语言体系，如化学工程技术方面的科学著作、论文、教科书、科技报告和学术讲演中所使用的英语。由于内容的客观性、科学性和逻辑严密性，使化工专业英语具有准确性、客观性、简明性和逻辑性强等特性，在词汇、语法和文体诸方面具有自己特点。

1.2.1 词法(morphology)特点

化工专业英语的词法特点是专业词汇多、专业性强、专业词长、构词手段灵活多样，普遍采用前缀和后缀法构成专业词汇。

(1) 词义专一，词形较长

基础英语中，经常出现一词多义现象，但在化工专业英语中表达一个科学概念或含义时，一般采用单一词汇，词汇意义专一，以便表达明确。如 stigmastenol 豆甾烯醇，hexamethylenetetramine 六次甲基四胺，hexachlorocyclohexane 六氯环己烷，diethanolamine 二乙醇胺，2，4-dinitrophenylhydrazone 2，4-二硝基苯腙等。

(2) 有些词汇或表达源于拉丁语或希腊语

据统计，1 万个普通英语词汇中，约有 46%源于拉丁语，7.2%来源于希腊语，专业性越强，比率就越高。化工英语中有些化学元素符号的表达就是源于拉丁语，如：钠(英文为 sodium，拉丁文 natrium)的元素符号 Na、钾(英文 potassium，拉丁文 kalium)的元素符号 K、铜(英文 copper，拉丁文 cuprum)的元素符号 Cu、铁(英文 iron，拉丁文 ferrum)的元素符号 Fe、汞(英文 mercury，拉丁文 hydrargyrum)的元素符号 Hg 等均是源于拉丁文。

(3) 合成法和派生法是化工专业英语中的常见构词法

所谓构词法，即词的构成方法，词在结构上的构成规律，是一个词与其他单词在结构上关联规律的总结。

科技英语的构词特点是外来语多(很多来自希腊语和拉丁语)，新科技术语多，构词方法多。科技英语构词法有转化法(conversion)、派生法(derivation)、合成法(composition)、压缩法(shortening)、混成法(blending)、符号法(signs)和字母象形法(letter symbolizing)。

在化工专业英语中的构词法除了压缩法、混成法和字母象形法外，常见的构词法是合成法和派生法。

压缩法的例词：Lab.(laboratory，实验室)，Cat.(catalyst，催化剂)，AOS(α-olefin sulfonates，α-烯烃磺酸盐)，APEO(alkylphenol，polyethyleneglycol ethers，烷基酚聚氧乙烯醚)，LAS(linear alkylbenzene sulfonates，直链烷基苯磺酸盐)；混成法的例词：如 sultaine(磺基甜菜碱)由 sulfo 磺基的词头和 betaine 甜菜碱的词尾混合而成，aldehyde(醛)是由 alcohol(醇)与 dehydrogenation(脱氢)而得名，acetaldoxime(乙醛肟)、acetoxime(丙酮肟)分别由 acetaldehyde(乙醛)、acetone(丙酮)与 oxime(肟)混合而成；字母象形法例词：如 I-bar(工字钢)，T-square(丁字尺)，U-pipe(U 形管)，X-ray(X 射线)，V-belt (V 带)等。

合成法是由两个或更多的词合成一个词，如 atomic weight(原子量)、periodic table(周期表)，有时需加连字符，如 carbon-steel(碳钢)、rust-resistance (防锈)、coke-oven(焦炉)、by-product(副产物)等。

合成法常见构词的缀合方式及例词见表 1-1。

表 1-1　合成词的常见缀合方式及例词

缀合方式	例词
辅音字母-s-缀合	bee**s**wax(蜂蜡)，draft**s**man(绘图员)
元辅音字母-o-缀合	ion**o**sphere(电离层)，therm**o**couple(热电偶)
元辅音字母-i-缀合	equ**i**distance(等距离)，curv**i**linear(曲线)
以 meter 结尾，用-i-缀合	color**imeter**(色度计)，alcohol**imeter**(醇定量计)
以 form 结尾，用-i-缀合	tub**iform**(管状)，aur**iform**(耳状)，amoeb**iform**(阿米巴状)

派生法即在一个单词的前面或后面加上词缀(affixes：prefixes or suffixes)构成新词，派生法是化工科技英语中最常用的构词法。

化工技术人士如果能掌握 50 个前缀(perfixes)和 30 个后缀(suffixes)，对扩大化工专业词汇量，增强阅读能力和加快翻译速度都大有裨益。

化工专业英语中常见词尾见表 1-2；表示数目和数量的词头、含义及例词见表 1-3；表示十进制倍数的词头、符号、数值及例词见表 1-4；表示否定意义的前缀的用法和例词见表 1-5；表示与多数有关的以及位置和相互关系的前缀，见表 1-6 和表 1-7。

表 1-2　化工专业英语中常见词尾

词尾	对应有机物类型
-ane，-ene，-yne，-yl	烷，烯，炔，基
-anol，-anal，-anone	醇，醛，酮
-ose，-ase，-oside，-itol，thiol	糖，酶，糖苷，糖醇，硫醇
polyol，phenol	多元醇，酚
ether，ester，lactone	醚，酯，内酯
amine，amide	胺，酰胺
imine，imide	亚胺，酰亚胺
carboxyl，carbonyl	羧基，羰基
carboxylic acid	羧酸
sulfide，sulfone，sulfoxide	硫化物，砜，亚砜
hydrazide，hydrazine，hydrazone	酰肼，肼，腙
azide	叠氮
ammonia，amine，ammonium	氨，胺，铵
amino-，imino-	氨基，亚氨基

表 1-3　表示数目和数量的词头、含义及例词

词　头	含　义	中文名	例词
semi- demi- hemi-	half	半	semiconductor，semicircle demi-lune，demi-semi hemisphere，hemihedral
uni- mono-	one，single	单，一	uniaxial，unilateral，unicellular monoacid，monoxide，monohydric
sesqui-	one and a half	倍半，3/2	sesquiester，iron sesquioxide sesquicentennial，iron sesquisulfide
bi-，bin-(元前) di-	two，twice	双，二	biaxial，bilateral，binaural，binocular dichloride，divalent，dilemma
ambi- amphi-	both	双，两	ambidexter amphibian，amphicar，amphitheatre
ter- tri-	three，thrice	三	tertiary，tervalent trisect，trinitrotoluene，trigonometry
tetr(a)- quadri-(辅音前) quadr-(元音前) quadru-(p 音前)	four	四	tetroxide，tetrode，tetravalent quadrilateral quadrant quadrupole，quadruple，quadruped
pent(a)- quinqu(e)-	five	五，戊	pentagon，pentatomic，pentahedron quinquelateral，quinquennial
hex(a)- sex(i)-	six	六，己	hexagon，hexylalcohol(正己醇) sexivalent，sexennial，sextuple，sextant(六分仪)

续表

词头	含义	中文名	例词
hept(a)- sept(i/a)-	seven	七，庚	heptane, heptode, heptad(七价元素) septuple, septilateral, September(九月，古罗马的七月)
oct(a)-	eight	八，辛	octuple, octane, octad(八价元素) October(十月，古罗马的八月)
non(a)- ennea-	nine	九，壬	nonanol, nonamer, nonagon enneahedron, enneagon, enneode
dec(a)-	ten	十，癸	decuple, decade, decane, decene

表 1-4　化工过程中表示十进制倍数的词头、符号、数值及例词

词头	符号	中文名	数值	例词
deca	da	十	10	decameter, decennial
deci	d	分	10^{-1}	decimeter, decigram, decibel, deciliter
centi	c	厘	10^{-2}	centimeter, centigrade
milli	m	毫	10^{-3}	millimeter, milligram, milliampere
micro	μ	微	10^{-6}	micrometer, microwave, microbalance
nano	n	纳	10^{-9}	nanometer
pico	p	皮	10^{-12}	picometer
hecto	h	百	10^{2}	hectometer, hectogram, hectoliter
kilo	k	千	10^{3}	kilometer, kilocycle, kilowatt
myria	ma	万	10^{4}	myriapod, myriameter, myriad
hectokilo	hk	十万	10^{5}	hectokilometer
mega	M	兆	10^{6}	megameter
giga	G	吉	10^{9}	gigameter
tera	T	太	10^{12}	terameter

表 1-5　表示否定意义前缀

prefix	含义及用法	例词
a- an-	在 *n.* 或 *adj.* 前，表示缺乏某性质 在元音或 h 字母前	aperiodic, asynchronous, asymmetry anhydrous, anisotropic, anonymous
anti-	在 *n.* 前，表示抗……，防……，与……反	antibody, anti-parallel, antifoamer
de-	在 *v.* 或 *n.* 前，表示反动作	decolor, decentralize, decrease, descend
dis-	在 *n.*、*v.* 或 *a.* 前，表示否定或相反 加在否定意义词前，加强否定	disassociate, discharge, disproof, discrete, disannul
mis-	在 *n.*、*v.* 或 *a.* 前，表示错误	miscalculate, misunderstanding
im-/in-/il-/ir-	im-用在 b、p、m 之前， 表示“不、无、非”	impossible, imbalance, incomparable, illocal, irregular, irrelative, impure
non-	表示“不、无、非”	non-coking coal, non-elastic, nonmetal

表 1-6　表示与多少有关的前缀及例词

前缀	含义	例词
poly-(希) mult(i)-(拉)	many	polymer, polyacene, polytechnical, polynomial multimolecular, multiply, multilayer

续表

前缀	含义	例词
olig(o)-	few	oligosaccharide, oligemia, oligodynamic
macro-	large	macroscopic, macrocosm, macroanalysis
medi-(拉)	middle	medium-sized, medium-frequency waves
meso-(希)		mesotype, meson, mesosphere
micro-	small	microwave, microscope, microbalance
holo-(希)	whole	holograph, holomagnetization
integri-(拉)		integral, integrated circuit
toti-(拉)		total
pan-(希)	all	panchromatic, panorama
omni-(拉)		omnibearing range, omniphibious
parti-(拉)	part	partial automatic, participate
mero-(希)		merocrystalline
iso-(希)	equal	isotherm, isobar, isochronous
equi-(拉)		equilibrium, equivalent, equiviscous
homo-(希)	same	homogeneous
identi-(拉)		identity, idempotent
simili-(拉)		similar
hetero-(希)	different	heterogeneous
allo-(希)		allogenic
vari-(拉)		various, variety

表 1-7　表示位置或相互关系的前缀及例词

前缀	含义	例 词	前缀	含义	例 词
ortho-	邻位	ortho-compound, ortho-effect	inter-	相互间	intermolecular, international
meta-	间位	meta-compound, meta-derivative	intra-	在内部	intramolecular, intra-crystalline
para-	对位	para-dioxybenzene	iso-	相同，异	isotope, isooctane, isobar
meso-	中位	meso-phase, meso-position	hyper-	超，高	hypertension, perchlorate
trans-	反式	trans-2-butene, transferase	hypo-	次，低	hypotension, hypochlorite
cis-	顺式	cis-1,3-butadiene	sub-	亚，微	sub-atomic, subacid

概括起来，化工专业英语的构词手段灵活，并以派生法构词最为常见；用词方面特点有：专业技术词汇(technical words)多、专业性强，次专业技术词汇(sub-technical words)使用频率高，名词短语、非限定动词短语多，缩略语和合成新词不断出现，功能词可通过转译而表达特定含义。

在化工专业英语中，有很多专业技术词汇，如 heatexchanger(换热器)，reactor(反应器)，extractive distillation(萃取精馏)，hydrodesulfurization(加氢脱硫)。

次专业技术词汇包括在各个专业领域都较常用的技术词汇，如 volume(容积，体积)，humidity(湿度)，temperature(温度)，pressure(压力)等；也包括在多领域常用，但在各领域却有其特定含义的技术词汇，如 condensation(化工领域指：冷凝；高分子材料领域指：缩聚)；power(在化学领域中，如 chemical power、catalytic power 均表示能、能力；在光学领域中，如1000-power microscope表示放大倍数；在电学中，如power network表示电；在物理化学、数学中表示乘方、幂)等。

在化工专业英语中，缩略语由单词变化而来，词尾或字母后有一个句点，如常见缩略语viz.(namely)，fig.(figure)，e.g.(for example)等。

功能词主要包括介词、副词、连词、代词、冠词等，是单句和复杂长句中句子之间不可缺少的语言单位。在专业英语中出现频率最高的8个功能词依次是：the，of，in，and，to，that，for，are，be。如下句，18个词中功能词就有10个。

Heat **is only** one form **of** energy, **though it is certainly the** most common **and hence** most important.

译文：虽然热最为常见且最为重要，但它只是一种能量形式。

1.2.2 句法(syntax)特点

由于化工专业技术知识的客观性和科学性，使化工专业英语具有专业性强、信息量大、语句精炼、结构严谨、逻辑性强等特点。句法特点可表现为“几多”，具体表现如下：

(1)名词性结构使用多

名词性结构可以使句子结构简练、紧凑，不滞重、不累赘，而且还可以突出其主要内容。如：

①**The principles of** absorption and desorption are basically the same.

译文：吸收与解析的**原理**基本相同。

② **The testing** of machines by this method will entail some loss of power.

译文：用这种方式来**测试**机器会损失一些能量。

③ It is necessary to examine **the accuracy** of these results.

译文：检验这些结果的**精确度**是非常必要的。

(2)非谓语动词短语多

大量使用非谓语动词、名词及介词短语。

非谓语动词作定语，可明确所描述对象；利用非谓语动词所构成的各种短语代替句子中的从句或分句，可以避免或减少复杂的长句而使句子结构简洁明确。

①**Compared with** other kinds of motors, electric motors are quiet, smooth running, small, clean and easily controlled.

译文：**与**其他类发动机**相比**，电动机噪音低，运转稳，体积小，洁净并易于控制。

这里“compared with…”代替了“If it is compared with other kinds of motors”。

② **In assessing the efficiency of** a drying process, the effective utilization of heat is a major criterion.

译文：有效利用热是干燥效率的主要**评价**标准。

③ **To make** soap powders, dyestuffs, fertilizers **more suitable for** handling.

译文：(干燥操作)可**便于**皂粉、染料、肥料的后续加工。

④ Evaporation differs from crystallization in that emphasis is placed on **concentrating** a solution rather than **forming and building** crystals.

译文：因蒸发着重于将溶液**浓缩**而不是**生成和析出**结晶，故蒸发与结晶不同。

在化工专业英语中，除了常用过去分词、现在分词和动词不定式短语外，还常用介词词组来表示借用……方法、手段、数据、资料、材料，根据……标准等。如：

① Cuprous disproportionates **in solution**, and is only found **in solid state.**

译文：亚铜离子因**在溶液**中会发生歧化，因此只存**在于固态中**。

② In this process the solution is pumped **into tank.**

译文：在该工艺操作中，用泵将溶液**打入罐**中。

③ Salts may be formed by the replacement of the hydrogen **from** an acid **with a metal.**

译文：**用金属**置换**酸中的**氢的方法可制备盐。

④ As a result of polarization of the carbonyl group $C=O \rightleftharpoons C^+=O^-$, aldehydes and ketones have a marked tendency to add nucleophilic species (Lewis base) to the carbonyl carbon, followed **by the addition of an electrophilic species (Lewis acids) to carbonyl oxygen.**

译文：由于羰基官能团的极化，亲核试剂(路易斯碱)易在醛和酮的羰基碳上加成，继而**在羰基氧上发生亲电试剂(路易斯酸)的亲电加成**。

(3) 后置定语多

后置定语即位于所修饰名词之后的定语。汉语多用前置定语或多个简单句说明某概念或术语，而化工专业英语则更多地使用**各种短语**后置定语，如**介词短语、形容词短语、分词和副词作后置定语等**，翻译时一般需要转变词序，即将后置定语转换为前置(下列例句①~⑤中标有双下划线的是后置定语所修辞的中心词)。

① Carbon dioxide is the effective agent **for fighting fires due to burning oil.**

译文：二氧化碳是**燃油失火的**有效灭火剂。(介词短语作后置定语)

② The gas **from coke ovens** is washed with water to remove ammonia.

译文：用水洗涤**焦炉**煤气可除去氨。(介词短语作后置定语)

③ Acetylene is hydrocarbon especially **high in heat value**.

译文：乙炔是**热值特别高的**烃。(形容词短语作后置定语)

④ In addition to aliphatic compounds, there are a number of hydrocarbons **derived from benzene and seemed to have distinctively different chemical properties.**

译文：除了脂肪族化合物以外，还有许多**从苯衍生而来，看来具有明显不同化学性质的**烃。(过去分词短语作后置定语)

⑤ Sewage sludge is an organic material **containing a large variety of carbon- based molecules.**

译文：污泥是**含有大量各种碳基分子的**有机物。(现在分词短语作后置定语)

(4) 被动语句多

由于化工科技人员关心的是科技活动的客观行为过程和事实现象，在研究和解决科技问题时关注的是事物本身的客观规律、事实、方法、性能和特征，在讨论科技问题时力求客观而准确的陈述，因此，在化工科技英语的文献中通常以非人称的语气作客观叙述，较多使用被动语句，其中的大部分被动语句又都是一般现在时态或与情态动词连用。

在语法结构上，使用被动语态可减少主观色彩，增强客观性；而且通过隐去人称主语而使句子简洁；被动语句可将“行为、活动、作用、事实”等作为主语，从而更易引起读者对所陈述事实的注意；在意思表达方面，被动句通常比主动句子更简洁明了，例句如下。

① For any substance whose formula is known, a mass corresponding to the formula **can be computed.**

译文：任何物质，只要知道分子式**就能求出**与分子式相应的质量。

② In most processes solids and fluids **must be moved**; heat or other forms of energy **must be transferred** from one substance to another; and tasks such as drying, size reduction, distillation, and evaporation **must be performed**.

译文：许多工艺过程中必须**对固体和液体进行输送**，必须**将**热或其他形式能量从一种物质**传递到**另一种物质，以**完成**干燥、粉碎、蒸馏、蒸发等**操作**任务。

(5) 条件句较多

化工专业英语中常须指出操作过程的顺序和条件，因而条件从句使用得较多。一般条件句由两个句子组成：表示条件的"if"或"when"从句在前，后面主句说明该条件得到满足时的操作过程或后续步骤。

① **When** the solution in the tank has reached the desired temperature, it is discharged.

译文：**当**罐内溶液达到所要求温度**时**，就卸料。

② **If** the product is a new compound, the structure must be proved independently.

译文：**如果**产品是一种新化合物，则必须单独证明其结构。

③ **If supplied with** energy, metal are electropositive and have a tendency to lose electron.

译文：**如果提供**能量，则金属易失去电子，具有电正性。

④ **If** all of the physical and chemical properties of the synthetic compound are identical with those of the isolated compound, the proposed structural formula is considered to be correct.

译文：**如果**合成化合物的物理化学性质与分离所得化合物的物理化学性质完全一致，则认为所推测的结构式正确。

(6) 复杂长句多

化工专业英语是一种书面语言，用于表达化工科学技术理论、原理、规律、概念以及各事物之间的复杂关系，它要求叙述准确、严谨周密、层次分明、重点突出，而使用简单句往往无法表达复杂的科学思维和技术过程，所以较多地应用语法结构复杂长句的语言手段也就成了化工专业英语文体又一重要特征。

复杂长句是化工专业英语翻译中的难点之一，其翻译是建立在词法、句法等基本知识的基础上。译成汉语时，需要明确句子中各成分之间的关系，然后按照汉语习惯破译成若干简单句，才能表达得条理清楚，符合汉语规范。如：

① The assimilation of knowledge in any field is greatly facilitated by principles **that** are sufficiently broad and general to allow the viewing of each new fact not as an isolated event but **as a segment to be fitted into an overall pattern.**

本句中含有 that 引导的定语从句作后置定语，表示原因，其中 to allow 为定语从句中的状语，表示目的；to be fitted into an overall pattern 为不定式短语作后置定语修饰 segment，译作：与整体相适应的一个部分。

全句译文如下：

由于原则或原理非常广泛和普遍，它们是把每个新的事实看作是**与整体相适应的一个部分**，而不是作为孤立的事件，因此这些原则或原理对任何领域知识的汲取都具有很大的促进作用。

② The continuous process although requiring more carefully designed equipment than batch process, can ordinarily be handled in less space, fits in with other continuous steps more smoothly, and can be conducted at any prevailing pressure without release to atmospheric pressure.

译文：虽然连续工艺比间歇要求更为精密设计的设备，但连续工艺通常能节省操作空间，较顺利地适应其他连续操作步骤，并能在任何压力下进行，而不必一定在常压下进行。

(7) 省略句较多

① 并列复合句中的省略。

在并列复合句中，各句里的相同成分——主语、谓语或宾语可予以省略。

Low density polyethylene has a crystallinity range of 65 percent, and high density polyethylene (has a crystallinity range) of 85 percent.

译文：低密度聚乙烯的结晶度为65%，高密度聚乙烯(结晶度范围)为85%。

② 定语从句中的省略。

由关联词 which 或 that 引出的定语从句，通常可将关联词和从句谓语中的助动词(当从句被动语态时)省略，只留下作定语用的分词短语，如：

Vinyl resins cover a broad group of materials (that are) derived from the "vinyl" radical.

译文：乙烯基树脂是指由乙烯基衍生而来的多种材料。

③ 其他省略句。

在特定句型中，常可省略一些句子成分。

如：The smaller the particles (are), the more freely do they move.

译文：粒子越小，移动越容易。

The stronger this tendency (to lose electron), the more electropositive and more metallic an element is.

译文：元素失去电子的趋势越大，金属性和电正性越强。

在上述各例句中将省略的内容放在圆括号内表示出来。

④ 一些固定的省略句型：

As described above	如前所述
As shown in table X	如表 X 所示
As indicated in Fig. I	如图 I 所示
As noted later	如后所述，从下文可以看出
As previously mentioned	前已提及
When necessary/If necessary	当必要时/如有必要

在化工专业英语中提到某个与图或表有关的情况时，常常使用"as in Fig. X""as in table X"一类的句型，是省略了 as 后面的主语和谓语"it is shown"，这类句型的特点是明确、简练。

(8) 祈使句、It…to V 或 It…that…句型

化工专业英语中，若描述操作过程或试验过程等，常用祈使句。如，

① **Let** A be equal to B.

译文：设 A 等于 B。

② **Consider** a high pressure chamber.

译文：假如有一高压室。

It… to V 或 It … that …(主语从句)句型表示看法、建议、结果发现等，两个句型中 it 都是形式主语。

③ **It is possible to distinguish** between three strategies for machine maintenance.

译文：机器维修可以分为三种策略。

④ **It is necessary to pay** special attention to certain aspects of testing procedure.

译文：有必要特别注意试验程序的某些方面。

⑤ **It has been proved that** induced voltage causes a current to flow in opposition to the force producing it.

译文：已经证明，感应电压使电流方向与产生电流的磁场力方向相反。

(9)表达方式程式化

简述实验结果时，往往在句首使用引导词 it 作形式主语，构成被动句。

① **It is found** that the result is coincided with the reality.

译文：结果表明，所得结果与实际相符。

介绍某个过程或功能及达到某种目标时，一般利用动词不定式短语构成目的状语，放在句子的开头。

② **To increase** the rate of reaction, a catalyst is used.

译文：为了提高反应速率，需要使用催化剂。

在化工专业英语的期刊文献中，文章结构程式化为：标题，摘要，正文(引言、论述、结论)。

如，文章引入实例时，常采用下列句式：

Imagine P as…　　设 P 为……

Let A be the…　　令 A 为……

再如，介绍某个过程或事物的目的或功能时，往往利用动词不定式短语构成目的状语，放在句子的开头。如：

To keep the speed exactly constant…（为了保持速度恒定 ……）

常用句式有：

The chief aim, main purpose, primary object of the present study is…

The investigation is…

The research will be to obtain/review/discover…

Information … concerning/regarding … is described/suggested/pointed out/presented/ given/studied/introduced/discussed /analyzed/investigated…

1.2.3 行文特点

化工专业英语属于科技英语范畴，科技英语文章特点有结构严谨、逻辑严密、文体多样等特点，如常见文体有论文(thesis)、学位论文(dissertation)、综述(summary)、实验报告(laboratory report)、教材(teaching material)、专利(patent)、说明书(instruction)等，每种文体的撰写又有各自的特点。科技英语的文体特征是语言规范，文体质朴，语气正式，陈述客观，逻辑性和专业性强。

由于科技英语注重叙述事实和逻辑推理，因此其修辞手段上以交际修辞为主，文风质朴，文理清晰，描述准确，表现在语言的统一性和连贯性强，语句平衡匀密，简洁而不单调，语句长而不累赘，一般很少使用富于美学修辞的手段(如夸张、明喻、借喻、拟人和对照等)，以防破坏科学的严肃性。

化工专业英语的行文特点有文体质朴，语言精练，结构严谨；化工专业英语的文章特点主要表现在时态的运用和逻辑语法词的使用方面。

(1) 时态的运用

化工专业英语的文章中多用一般现在时，主要是由于常常需要对基本原理、方程或公式或图表进行解说，表达一般结论时也用一般现在时态。如：

The steam **heats** feedwater in heat exchanger.

译文：在换热器中蒸汽**可加热**供水。

而在叙述过去进行研究的情况，其中如与现在情况不发生联系时，常用一般过去时。如：

In the experiment, sudden temperature changes, called thermal shocks, **caused** sudden uniform expansions of a momentary duration.

译文：在该试验中，热颤(温度突然变化)**引起了**突然瞬间不均匀膨胀。

叙述计划要做的工作和预期获得的结果时用一般将来时。如：

A large control signal **will provide** high base drive, and the capacitor **will charge** much more quickly.

译文：大控制信号**可提供**高驱动，电容器**充电就会**更快。

这类句子如果使用一般现在时，就比较肯定；用一般将来时，则语气较委婉。

在叙述过去发生的动作而不需要指明具体时间，或需要表达在过去开始并继续到现在的动作时，使用现在完成时。如：

Experiments **have shown** that energy is neither gained nor lost in physical or chemical changes. This principle is known as the Law of Conservation of Energy and is often stated as follows: Energy is neither created nor destroyed in ordinary physical and chemical changes.

译文：实验**已经表明**，物理或化学变化既不能获得能量，也不会失去能量。这一原理就是众所周知的“能源守恒定律”。其通常表述如下：在普通的物理和化学变化中，能量既不会凭空产生，也不会凭空消失(它只能发生转化或转移，而在转化或转移过程中，能量总量不变)。

(2) 普遍使用逻辑性语法词

虽然逻辑属于非语言因素范畴，但与语言关系紧密。逻辑性强是科技英语文章的一个突出特征。科技英语中逻辑性语法词的使用非常普遍，主要为以下几类：

表示原因的词，如：because of, due to, owing to, as, as a result of, caused by 等；

表示语气转折的词，如：but, however, nevertheless, yet, otherwise 等；

表示结果和顺承，如：so, thus, therefore, furthermore, moreover, in addition to 等；

表示限制的词，如：only, if only, except, besides, unless 等；

表示假设的词，如：suppose, supposing, assuming, consider 等。

综上所述，化工专业英语特点如下：

在词汇方面，具有专业词汇意义专一，大量使用专业词汇，复合词、缩略词及利用前后缀构成的派生词多的特点。

在句子方面，大量使用名词化结构(nominalization)和非限定动词。另外，各种成分(如介词短语、形容词及其短语、副词、分词及从句等)作定语并后置，多使用 It…that…结构、被动结构、as 结构、分词短语结构和省略句结构等常用句型。名词化结构行文简洁、表达客观、内容确切，也可使所含信息量增大；不定式短语、-ing 分词短语和-ed 分词短语这三种非限定动词形式具有齐备的语法功能，可代替各种从句，这样既可缩短句子，行文简练，结构紧凑，又比较醒目。

在形态方面，时态运用有限，多用现在时和过去时。尤其是多用一般现在时，以表述无时间性的科学原理、公式、现象、过程等。另外，多使用逻辑性语法词。

在文体方面，注重行文的连贯(coherence)、清晰(clarity)、流畅(fluency)。总之，化工科技英语力求平易、客观和精确，避免过多运用修辞手法、行文晦涩。

1.3 Reading and Translation of ECET 化工专业英语阅读与翻译

化工专业英语是一门应用性语言体系，它的学习应侧重于阅读与翻译。

不同语言都有着自己鲜明的特色，翻译就是“把一种语言文字的意义用另一种语言文字表达出来”(引自《现代汉语词典》)。翻译本身是一门创造性科学。因而，翻译既带有创造性，又带有科学性，它是用语言表达的一门艺术，是科学性的再创作。因此，化工专业英语的翻译要体现语言结构特色，注意词义多、长句多、被动句多、词性转换多、非谓语动词多、专业性强等特点。

随着国际科技合作与交流的日益广泛，高质量应用型人才培养要求的提高，化工专业英语的应用普遍性拓宽，掌握其翻译原则和一些翻译技巧非常必要。

1.3.1 翻译原则与标准

化工专业英语翻译原则遵从科技英语翻译原则，即“忠于原作、服务读者、逻辑清晰和表达流畅”四原则。

跟其他文体翻译一样，科技英语的翻译也要在准确理解原文的基础上，利用一些翻译技巧转换成适当中文，其中准确理解原文是关键。

在翻译的标准方面，清末翻译家严复曾提出著名的“信、达、雅”原则，简单地讲就是要达到“忠实”“通顺”“典雅”，再具体一点，就是要“译文忠实于原文的思想并保持原文的风格”“功能对等(functional equivalence)”“译文要合乎全民规范化的语言”，即要求译文在词汇意义、文体特色等诸层面上尽可能与原文保持一致。

科技英语翻译通常要求译文忠实、明确、通顺、简练，术语正确，逻辑严密。

概括起来，科技英语翻译标准有：信，忠实(true)，达，通顺，流畅(smooth)，术语正确(precise)。如：

① A very small tube permits a large expansion of mercury along the tube and hence a more accurate **reading.**

译文：汞(或水银)可以在细管内沿着管(内壁)大幅膨胀，因此**读数**更为精确。

② Carbon is a peculiar element, in that it can **combine with** other carbon atoms, and **with** other elements as well to form a large variety of long-chain compounds.

译文：碳是一种特别元素，因为它不仅能与其他碳原子**化合**，也能与其他元素**化合**形成多种长链化合物。

1.3.2 翻译过程

翻译过程一般包括理解、表达和校对三个阶段。翻译的基本过程如下：

(1) 熟悉背景

翻译之前，需要熟悉化工专业的专业知识、发展现状及发展远景，文献作者的研究方向、近况等。

(2) 理解原文

正确理解是准确表达的前提。透彻、正确地理解需要英文水平和专业知识两方面。先浏览全文再精读解决难点，要着眼于全文，避免只见树木不见森林的孤立对待一词一句作法；要结合上下文确定词意。

The tremendous range of **emulsifiers** available today permits selection of combinations which make possible emulsification at room temperature.

译文：

目前出售的多种**乳化器**使我们能够选择乳化器组，从而在室温下进行乳化。

(3) 汉语表达

有较好的汉语基础可再现原文的风采，精确而通顺的表达离不开翻译技巧。

(4) 校对复核

专业科技文献中数字、公式繁多，稍有疏忽，可能铸成大错，不仅会有损译者名声，还可能给国家造成经济损失。

校对不仅要查出误译或错译的数字、量的数量关系等，还要对照原文对译文进行润色加工。校对复核由译者自己完成，有利于提高翻译水平。

(5) 脱稿定稿

脱离原文再审语言的规范性，应有"语不惊人死不休"的精神。原文技术内容上有费解的需再次查对原文。

专业科技文献需要叙述严密，数据无误，文字简练，结构严谨。

因此，译文定稿必须严肃认真、一丝不苟。

1.3.3 翻译的难点

专业英语的理解和翻译的难点主要有两方面。

(1) 词语

科技文体中专业词汇出现的频率高，次技术性词汇出现较多，功能词出现的频率最高。相对来讲，专业词汇词义专一，一词多义较少。但新词出现时，要懂得利用构词法理解词义并准确恰当地译出。实际上，专业英语最难理解和翻译的不是专业词汇，而是一些半科技动词、副词和形容词，特别是一些短语动词。这需要译者了解多义词的每一个含义及当时语境，并能通过适当的专业知识加以判断来选择词义。

(2) 结构

从语言结构上来讲，科技方面的专业英语有许多程式化句子出现频率较高，宜熟悉其翻译套路，提高翻译效率。如一些被动语态的习惯译法，It is generally（universally）accepted（recognized，regarded）that …（普遍认为，一般认为或大家公认），It is estimated that …（据估计，据推算）等；又如一些分词连接成分或短语，如 supposing that（假定，假设），seeing that

(由于，鉴于)，provided that(如果，倘若，只要)，in that(因为)等。

其次，化工专业英语中长句使用较多，大量使用的名词化结构和非限定动词等也是准确理解原文的一个障碍。

错误的理解和翻译通常是由于仅对句子的表层词汇意义的理解和拼缀，没有深入到句子的深层关系，如语法关系和主题关系。因此，有意识地识别句子中的实词(名词、动词、形容词和副词等，这些词有一定形态特征和变化)和结构词(介词、连词、冠词、关系代词和关系副词等)，了解句子的基本句型、成分和语法关系，进而深入了解句子语言成分的概念范畴之间关系即主题关系。

因此，在遇到长句时，宜通过形态识别，突显主、谓、宾、表等主干成分，了解其“骨架含义”及次要成分含义，理解这些成分之间的逻辑关系和修饰关系，然后通过适当的方法翻译出来。

1.3.4 翻译的步骤

针对化工专业英语的特点和翻译难点，在进行化工专业英语的阅读与翻译时可以按照以下步骤进行。

(1) 通读全文选择词汇含义

通读全文选择词汇含义，是指从句子、段落到整篇文章角度去正确选用多义词的词汇含义。例如，

In their essential **elements** Joule's experiments were simple enough but he took elaborate precaution to ensure accuracy.

上句中的**element**一般有元素、仪器、单体、成分四种释义，本句指物理化学中的焦耳实验，故该词释义为仪器。全句译为：从必备的**仪器**看，焦耳实验简单粗糙，但他精心采取措施以确保实验准确。

(2) 语法分析辨明句子主干

针对化工专业英语中的复杂长句，通过语法分析，辨明句子的主干成分及其各种修饰成分，这样可以正确理解全句含义。例如：

Compounds possessing the same number and kinds of atoms and the same molecular weight (i. e., the same molecular formula) but differing in structure and properties **are called isomers.**

该句的主干是**Compounds…are called isomers**，句中的“**possessing** the same number and kinds of atoms and the same molecular weight (i. e., the same molecular formula) **but differing in** structure and properties”是现在分词短语作后置定语修饰**Compounds**。全句译为：拥有相同数目和类别的原子以及相同分子量(即相同分子式)，但结构和性质却不同的化合物互称为同分异构体。

(3) 借助翻译理论，语言表达通顺

在正确理解全句含义后，还要在忠实原文前提下，用准确、通畅的汉语把专业内涵表达出来，这就需要借助一定的翻译理论和技巧。例如：

① **Borax was added to** beeswax to enhance its emulsifying power.

译文：**将硼砂加到**蜂蜡中以增强蜂蜡的乳化力。

② **Absorption process is** therefore conveniently **divided into** two groups: physical process and chemical process.

译文：可以将吸收过程简单地分为两类：物理过程和化学过程。

以上两句均是采用在被动句原主语前加“将、把、使、给”等词的翻译方法。

1.4 Translation Methods and Skills in ECET 化工专业英语翻译方法与技巧

科学技术的迅速发展，国际间学术交流的日趋频繁，使化工专业文献的翻译也随之增多。懂得翻译理论和方法，能更好地促进化工行业的发展。

翻译技巧就是在翻译过程中用词造句的处理方法，即从两种语言对比中找出的规律性，用以指导翻译实践，但不应把技巧看成教条，技巧本身也应巧用。

从英汉两种语言对比来讲，英语是综合语，是运用形态变化来表达语法关系，而汉语是分析语，不用形态变化而是用词序及虚词来表达语法关系；英语句子有严谨的主谓结构，构成句子的核心，与其他成分聚集各种关系网络，为“聚集型”，而汉语主谓结构复杂、多样、灵活，不受形态约束，没有主谓形式协调一致的关系，句式呈“流散型”。

从英汉表达结构而言，英语重形合(hypotaxis)，即词语或语句间连接主要依靠连接词或语言形态手段来实现，注重语言形式上的接应(cohesion)，在句法表现形式上，英语要求主语与谓语在人称、数、时态上严格一致，因而比较严谨；而汉语的主谓只要求在语义上一致，不必在形式上呼应。英语使用表达逻辑关系的连接词(如 and，but，so，however，etc.)、关系词(如 that，which，who，what，how，etc.)、介词(如 of，to，with，on，about，etc)，还有状语功能的分词结构(-ed 及 -ing)等，强调句子成分之间的从属、修饰、平行、对比等关系。而汉语重意合(parataxis)，即句中语法意义和逻辑关系通过词语或分句的含义表达来实现，注重行文意义上的连贯(coherence)。

就篇章结构而言，英语是主语突出语言(subject-prominent)，句子的主语对句子结构甚至词语的选择起统领作用。汉语是主题突出语言(topic-prominent)，在表达思想时往往突出主题而不在意主语。

总之，英汉两种语言分属不同语系与文字系统，在语音、表达结构(词汇和语法方面)等都存在明显差异，英语是表形文字，强调形式逻辑完美，结构严密，语法词作用大；而汉语是表意文字，汉语的文字结构没有形态变化。

翻译方法虽亚于技巧，但却是基本的东西，应熟练掌握。没有方法上的熟练，技巧也就无从谈起，即“熟能生巧”。

科技英语的翻译方法包括转换法(各种词类如名词、动词、形容词、副词、介词和连词等的相互转换；各种句子成分如主语、宾语、谓语、定语、表语、状语等的相互转换；修饰词与被修饰词的相互转换)、省译法(冠词、代词、介词、连词、动词、同位语和复合名词等的省译)、增译法(增补语义上和修辞上需要的词；增补原文中的省略成分和隐含含义)、重复法(动词、名词、代词等的重复)、倒译法(各种名词成分和结构在顺序上倒译)、抽象变具体法及长句的分译法，短句子的合译法等。

对上述方法的掌握必须建立在英语和汉语两种语言和文化的对比分析基础之上，只有这样，才能有意识地理解和运用这些翻译方法。

因此在翻译化工专业英语时，应熟悉化工专业英语的翻译技巧，掌握常见的翻译方法，并注意以下四种常见情况的翻译。

(1) 缩写词的翻译

在化工专业英语中，常见的缩写词有：e. g.（例如），i. e.（换言之），viz.（即），etc.（等等），mL(毫升)，kg(千克)，fig.（图），cat.（催化剂）、lab.（实验室）等。

(2) 化工专业符号的翻译

在化工专业英语中，常见的专业符号如 a square 译为 a^2，a cube 译为 a^3，XRF 指 X-ray fluorescence，译为 X 射线荧光；aqua. 译为水、溶液基质；*N*-coco alkanolamide 译为椰油基烷醇酰胺；EO 译为环氧乙烷；sixty percent 译为 60%；eighteen point nine eight per mil 译为 18. 98‰等。

(3) 过渡性词汇的把握

英语中常见的过渡性词汇有 first of all(首先)、in addition(另外)、on the other hand(另一方面)、in short(总之)、as a result(结果是)、however(然而)、therefore(所以)、in a word(总之)、although(尽管)等。

示例如下：

As we well know, **however**, the members of human families are by no means identical. Similarly, the members of any particular class of organic compounds do not show identical physical or chemical behavior, **although**, in general, the similarities are striking.

译文：**然而**，众所周知，人类家庭中每位成员绝非完全相同。同样，有机化合物中各族化合物，**尽管**相似性非常显著，但族中各成员间的物理或化学性质也不完全相同。

(4) 化工专业术语的翻译

化工专业术语的翻译需要注意两点：首先是其在化工专业领域内的特定含义，要与普通英语词汇含义相区别；其次是使用已经普遍接受的习惯表达法以保持原文的专业特色，不能直译，更不能任意创造。例如：composition 译为化学成分或化学组成，level 译为液位，function 译为函数，distillation column 译为精馏塔，block copolymer 译为嵌段共聚物，amplification effect 译为化学试验放大效应，channel effect 译为沟槽效应等。常见翻译方法有词义增减与引伸、各类转换法等。

1.4.1 单词的翻译

单词是句子的基本构成要素，因此单词的翻译直接关系到句子的翻译。单词的翻译方法有名词单复数的译法，数词复数词组的译法，词的增译与省译，词义引申的译法等。

(1) 名词单复数的译法

英语单复数的译法似乎很简单，但翻译实践表明并非如此。英语名词有单复数之分，汉语虽也可用“们”“些”“批”等表示复数的概念，但汉语名词本身不表示数的概念。英语名词单数需在名词前加冠词来表达，英语不带冠词的复数名词有时表示类别，而汉语名词本身就能表达类别概念，此时原文复数可不必译出(见例句①~②)。当可数名词复数前没有数量词时，或当物质名词与抽象名词的复数表示泛指或一类时，需把复数含义翻译出来，可在名词前加“一些、这些、许多、各种、多种”等词(见例句③~⑦)。英语不带冠词的表示种类的复数含义可不必译出(见例句⑧~⑨)。

① **Metals** are electropositive and have a tendency to lose **electrons**, if supplied with energy.

译文：如果提供能量，**金属**呈电正性并易于失去**电子**。

② The following **symbols** are used in the solutions.

译文：解答中采用了下列**符号**。

③ The **computations** are so complicated that it would take one human computer **years** to work them out.

译文：**这些计算**十分复杂，一个计算人员需**几年**才能完成。

④ Chromium improves the **properties** of steel.

译文：铬可改善钢的**各种性能**。

⑤ There are **families** of hydrocarbon.

译文：有**好几个烃族**。

⑥ Coal, petroleum and natural gas now yield their bond **energies** to man.

译文：煤、石油和天然气现在为人类提供**各种各样的结合能**。

⑦ They will mix freely with other organic compounds and are often soluble in organic **solvents**.

译文：它们能与其他有机化合物任意混合并能溶于**多种有机溶剂**中。

⑧ **Plastics and ceramics** are non-metals.

译文：塑料和陶瓷是非金属。

⑨ **Engineers** have to know the best and most economical materials to use.

译文：工程师必须了解最经济实用的材料以便使用。

(2) 词义引申的译法

词义引申是指对某些英语词汇的含义加以扩展和变通，使其更准确地表达原文所表达的特定意思，其包括：专业化引申(例句①和②)，具体化或形象化引申(例句③~⑤)和概括化或抽象化引申(例句⑥和⑦)三方面的内容。

① The **two pairs of electrons of** oxygen may be shared with **two separate carbons** forming only single bond.

译文：氧的**两对电子**可与**两个不直接相连的碳**共用而形成单键。（专业化引申）

② Heat-treatment is used **to normalize, to soften or to harden** steels.

译文：热处理可用来对钢**正火**、**退火或淬火**。（专业化引申）

③ Other **things** being equal, copper heats up faster than iron.

译文：相同**条件**下，铜比铁热得快。（具体化引申）

④ Steel and cast iron also differ in **carbon**.

译文：钢和铸铁的**含碳量**也不相同。（具体化引申）

⑤ The continuous process can be conducted at any prevailing pressure without release to **atmospheric pressure**.

译文：连续工艺可在任何压力下进行，而不必降至**常压**。（具体化引申）

⑥ Alloys belongs to **a half-way house** between mixture and compounds.

译文：合金是介于混合物和化合物之间的一种**中间结构**。（抽象化引申）

⑦ Industrialization and environmental degradation seem to go **hand in hand**.

译文：工业化发展似乎**伴随着**环境的退化。（抽象化引申）

(3) 词的省译与增译

由于英汉两种语言在表达方式上的不同，在英译汉时，有时需要减少一些词(减词法，Omission)，有时需要增加一些词(增词法，Amplification)，即词的省译与增译。省译是指翻译时将原文中的某些词省略不译的翻译方法；在翻译实践中，起语法作用的冠词(the

Article)、某些代词(the Pronoun)、介词(the Preposition)、连词(the Conjunction)等可以省译(见例句①~⑥)。

① **The** atom is **the** smallest particle of **an** element.

译文：原子是元素的最小粒子。(省略不译定冠词 the 和不定冠词 an)

② Different metals differ in **their** conductivity.

译文：不同金属具有不同的导电性能。(承前省译物主代词 their)

③ When **the** solution in **the** tank has reached the desired temperature, **it** is discharged.

译文：当罐内溶液达到所要求的温度时，就卸料。(省略不译定冠词 the 和代词 it)

④ **The** finished products must be sampled to check **their** quality before **they** leave **the** factory.

译文：成品出厂前必须抽样进行质量检查。(省略不译冠词 the 和代词 they、their)

⑤ Most substance expand **on** heating and contract **on** cooling.

译文：多数物质热胀冷缩。(省略不译介词 on)

⑥ **When** short waves are sent out and meet **an** obstacle, **they are** reflected.

译文：短波发射出后，遇到障碍就反射回来。(省略不译连词 when、冠词 an、代词 they 和谓语动词 are)

增译法是指翻译时按意义上(或修辞上)和句法上的需要增加一些词以便更忠实通顺地表达原文的思想内容，使译文与原文在内容和形式等方面对等起来。增译法除了增加表示时态的词语(例句①~③)外，还有增加具有动作意义的抽象名词(例句④)、增加概括性词语(例句⑤和⑥)、增加原文中省略的词语(例句⑦)，以及根据上下文增加解说性词语等方法(例句⑧)。在化工科技英语翻译实践中词的省译与增译往往同时出现，见例句⑨。

① Some day man **will** be able to utilize the solar energy.

译文：总有一天，人类**将**利用太阳能。(增加表示一般将来时态的词“将”)

② Evaporation sometimes **produces** slurry of crystals in saturated mother liquor.

译文：有时蒸发**能**在饱和的母液内产生结晶淤浆。(增加表示时态的词“能”)

③ Gasoline would **have been** difficult to supply in the quantities required if it had not been improvements in refining methods and the introduction of cracking.

译文：假如当时没有对炼油方法作出改进并引入裂解法，那么，汽油供应量早就难以满足需要了。(增加表示现在完成时态的词“了”)

④ **Oxidation** will make iron and steel rusty.

译文：氧化**作用**会使钢铁生锈。(增加抽象名词“作用”)

⑤ The principles of absorption and desorption are basically the same.

译文：吸收和解吸**这两个过程**的原理基本相同。(增加概括性词语“这两个过程”)

⑥ Ketones are very closely related to both aldehydes and alcohols.

译文：酮与醛和醇的关系**都**很密切。(增加概括性词语“都”以示强调)

⑦ Some substance are soluble, while others are not.

译文：有些物质是可溶，而另一些物质是**不可溶的**。(增加原文中省略的词)

⑧ Transistors are small, efficient and have a long life.

译文：晶体管**体积**小、**效率**高、**寿命**长。(增加解说性词语)

⑨ In general, all **the** metals are good conductors, **with** silver **the** best and copper **the** second.

译文：一般来说，金属**都**是良导体，**其中**银最佳，铜其次。(省略不译冠词 the，根据修辞连贯的需要将介词 with 引申增译为连词“其中”)

1.4.2 转换译法

由于汉英两种语言属不同语系，语法相差较大，英语富于词形变化，词序灵活；汉语缺乏词形变化，词序不灵活。二者在词法和句法上的差异使得英译汉时，译者需摆脱原文表层结构的束缚，根据汉语习惯进行转换，正确表达原文。

转换法是一种极为常用的翻译方法，主要有词性转换和句子成分转换，二者不可截然分开，而是交织在一起。有时词类的转换必然伴随句子成分的转换，而句子成分的转换往往会产生词类的转换。转换翻译方法还包括词序的转换、主被动语态的转换、从句间的转换等。

(1) 词类转换译法

此类译法中，英文原文中某些名词、形容词、介词都可转译为汉语动词，动词可转译为汉语副词，副词可转译为汉语形容词，形容词又可转译为汉语名词等。

① **Total determination** of molecular structure is possible by means of X-ray diffraction.

译文：用 X 射线衍射的方法可以**全面地确定**分子的结构。(determination：*n.*→*v.* 确定；total：*adj.*→*adv.* 全面地)

② The continuous process can ordinarily be handled in a **less** spaces.

译文：连续工艺通常能**节省**空间。 (less：*adj.*→*v.* 节省)

③ The methyl group on the benzene ring greatly **facilitates** the nitration of toluene.

译文：苯环上的甲基**促使**甲苯非常易于硝化。 (facilitates：*v.* →*adv.* 促使)

④ This film is **uniformly** thin.

译文：该膜薄而**均匀**。(uniformly，*adv.*→*adj.* 均匀)

⑤ Zirconium is almost as **strong** as steel，but lighter.

译文：锆的**强度**几乎与钢的相等，但它比钢轻。 (strong：*adj.*→*n.* 强度)

(2) 句子成分的转换译法

句子成分转换的译法，是指把原文中的某一成分译成汉语中的另一成分(如原文主语(Subject)可转译为汉语谓语(Predicate)、宾语(Object)、状语(Adverbial modifier)或定语(Attributive)，定语转译为同位语等，见例句①~⑤。

① Evaporation **emphasis** is placed on concentrating a solution rather than forming and building crystals.

译文：蒸发**着重于**将溶液浓缩，而不是生成和析出结晶。 (*n.*→*v.* 主语→谓语)

② Organic compounds are not soluble in water because there is no **tendency** for water to separate their molecules into ions.

译文：有机化合物不溶于水，因为水没**有**将它们的分子分离成离子的**倾向**。

(主语→宾语)

③ When a copper plate is put into the sulfuric acid electrolyte，**very few of** its atoms dissolve.

译文：将铜片置于硫酸电解质溶液中，铜原子**几乎不溶**。

(主语→状语；否定主语→否定谓语)

④ **Methane** is less than half as heavy as water.

译文：**甲烷的**重量不到水的一半。 (主语→定语)

⑤ Benzene can undergo the typical substitution reactions **of halogenation，nitration，sulfonation**

and Friedel-Crafts reaction.

译文：苯可进行典型的取代反应，**如卤化、硝化、磺化和傅氏反应**。（定语→同位语）

（3）词序转换的译法

词序转变的译法指译文词序与原文不同的一种翻译方法。（不包括疑问句、倒装句和“there be”句型等引起的词序转变），见例句①~⑥。

① The alternate double bond arrangement in the six-carbon ring is **aromatics characteristic.**

译文：**芳香烃特点**是六个碳原子组成的环上双键交替排列。（主语、表语词序互换）

② By compressing and cooling **the mixture**, you can separate one gas from the other by changing it to a liquid.

译文：**将混合物**压缩、冷却，使其中一种气体变为液体，就能把它与其他气体分开。（宾语译在谓语前）

③ In the condenser the steam is cooled by the cooling water **which flows through the condenser jacket.**

译文：**流经冷凝器夹套的**冷凝水将冷凝器中的蒸气冷却。（后置定语前置）

④ In the absence of oxygen, untold number of organisms were transformed by heat, pressure, and time into **deposits of fossil-fuels: coal, petroleum and natural gas.**

译文：无数的有机物，在缺氧的情况下，受热、压力和时间的影响而转化为**沉积的矿物燃料：煤、石油和天然气**。（后置定语仍保持原序）

⑤ Tin and lead do not occur in the free state in nature, **as do gold, silver and copper**, but in the form of combination with other elements.

译文：锡和铅**不像金、银和铜那样**在自然界中有游离态存在，而是以与其他元素化合的形式存在。（状语译在谓语之前）

⑥ Many industrial operations can be carried out **in either of two ways which may be called batch and continuous operation.**

译文：许多工业操作可**用间歇操作或连续操作**来完成。（状语译在谓语之前）

在两个或两个以上的形容词修饰同一个名词的语言现象中，多个形容词的排列顺序，汉英两种语言差别甚大。英语中多个形容词作定语的排列语序通常是：由次要的到主要的，由程度较弱的到程度较强的，由小范围的到大范围的，由一般的到专有的。而汉语中排列与英语的次序恰恰相反，它们是由重要的到次要的，由程度较强的到程度较弱的，由大范围的到小范围的，由专有的到一般的。因此，在汉译时，应根据汉语的表达习惯，把原文的若干个定语在词序上作必要的、恰当的调整，见例句⑦~⑧。

⑦ The advanced world experience　　世界的先进经验

⑧ Practical social activities　　社会实践活动

（4）被动语态的转换译法

除了 It has been proved that…（已经证实……）、It has been shown that…（已经表明……）这类句型在汉语中的习惯译法外，被动句常常转译成主动句或主动意思，或在原主语前加“对、把、将、使、给”等词进行转译，或补充添加适当主语进行转译，见例句①~⑤。

① If the product is a new compound, the structure **must be proved** independently.

译文：如果产品是新化合物，就必须独立**证明其结构**。（被动句转译成主动句）

② Batch operation **are frequently found in** experimental and pilot-plant operation.

译文：间歇操作**常见于**实验室及中试操作中。（被动形式转译成主动意思）

③ The discovery **is highly appreciated** in circle of science.

译文：科学界**对**这一发现**评价很高**。（把被动谓语译成“对……”）

④ A comprehensive review **is made** covering various aspects of heat production and utilization.

译文：**本文旨在**从各方面来全面地论述热的产生和应用。（补充主语“本文”）

⑤ Many elements in nature **are found** to be mixtures of different isotopes.

译文：**人们**发现，自然界很多元素都是**由**各种不同的同位素混合而成。

（增加泛指性主语“人们”）

（5）定语从句的转换译法

定语从句包括限定性定语从句和非限定性定语从句两种，由关系代词（that，which，who，whom，whose）或关系副词（where，when，why，as，wherein，whereon）引导。在科技英语中，定语从句应用广泛。这些从句汉译时的困难主要表现在以下两方面：

1）英语的定语从句一般位于被修饰语的后面，而汉译的定语习惯上都放在被修饰语的前面；英语的定语从句往往结构长，转折多，而汉译句中名词前一般较少使用结构复杂的长定语。

2）汉译的定语一般只起修饰或限制作用，而科技英语中有些定语从句，尽管在语法形式上还是定语，但实际作用已经超出了修饰的范围而含有补充说明、分层叙述，以及表示原因、结果、目的或转折等意义。

因此，翻译英语的定语从句时，除译作“……的”的定语外，还需根据其与先行词之间的逻辑关系，利用多种转换译法，将定语从句进行转译。

定语从句转译成表示同等或递进关系的并列分句，有时加“其、它、这”等词，进行连接，见例句①和③；或当定语从句在逻辑上相当于表示原因、结果、目的、条件、让步等的状语从句时，就可以加译“因为、所以、因而、只要、虽然”等词，译成相应状语从句，见例句④~⑥。

① The first higher homolog of benzene is toluene **which is the raw material for the manufacture of the explosive.**

译文：苯第一个高级同系物是甲苯，**它是制造炸药的原料**。（定语从句→并列分句）

② Mild oxidation of a primary alcohol gives an aldehyde **which may be further oxidized to an organic acid.**

译文：伯醇缓慢氧化生成醛，**醛能进一步氧化生成有机酸**。（定语从句→并列分句）

③ The petrol is stored in a tank, **which is connected by a small-diameter pipe to the carburetor.**

译文：汽油储存在油箱里，**油箱则通过一个小口径的输油管连接到化油器中**。

（定语从句→并列分句，并列叙述汽油和油箱）

④ The water should be free from dissolved salts **which will cause deposits on the tube and lead to overheating.**

译文：**因为盐会沉积在管壁导致过热**，水应为软水。（定语从句→原因状语从句）

⑤ For any substance **whose formula is known**, a mass corresponding to the formula can be computed.

译文：**只要知道分子式**，就能算出与其相应的分子量。（定语从句→条件状语从句）

⑥ In such slow reactors a material called a modulator is added **which has the sole purpose of**

reducing the neutron speeds as quickly as possible below that at which they can be easily absorbed by U238.

译文：在这种慢反应堆里加了一种叫作减速剂的材料，**它的唯一作用是尽快降低中子速率，使它们容易被 U238 吸收。**

此句中的第一个定语从句"which has…"中包含"at which…"第二个定语从句；翻译时第一个定语从句译成并列分句，第二个定语从句后置转译成表示目的和结果的状语从句。

1.4.3 反译法

反译即通常所说的反面着笔译法，也是常用的主要翻译技巧之一。反译指突出原文形式的束缚，变换语气，把肯定形式译为否定意思(例句①~②)或把否定形式译为肯定意思(例句③~④)；反译要根据汉语习惯并符合一定修饰要求，反译不应违背原意。

① Rubber **prevents** electricity from passing through it.

译文：橡胶**不**导电。

② The non-metals tend to be **less** ductile and weaker.

译文：非金属**不易**延展，强度差。

③ Sodium is **never** found **uncombined** in nature.

译文：自然界钠元素**都处于化合态**。

④ There **no** law that has **not** exceptions.

译文：凡是规律**都有**例外。

1.4.4 拆译法

拆译就是将原文一个句子拆成数句的翻译技巧。凡原文句子结构与汉语习惯说法相距较远的，均可拆译。

科技英语句子较长，类似大树，枝杈横生。拆译过程即支解原文大树形结构的过程。因汉语主语、谓语、宾语、定语及状语都不宜过长，若原文中这类成分过长，翻译时常常采用拆译法。

拆译时既不失原意又符合汉语规范的关键是善用拆译技巧。

拆译技巧关键有两点：首先宜通过语法分析和逻辑分析，将原文中冗长句子成分进行拆分，然后逐层将原文意思翻译出来。其次，原文中修饰动词的副词或短语，或修饰名词的形容词，译为汉语不宜作相应修饰的也可拆成短句进行翻译。

定语及定语从句、状语及状语从句、同位语，主语、表语等都可拆译，见例句①~⑤。

① Hydrogen is the lightest element **with an atomic weight of 1.008.**

译文：氢是最轻的元素，**其原子量为 1.008** （拆译定语）

② Atom is made up of nucleus **with negative electrons revolving around it.**

译文：原子由原子核和电子组成，**电子带负电并绕核旋转。** （拆译定语）

③ The atom reactor could run wild **with too many neutrons.**

译文：若中子过多，原子反应堆就无法控制。 （拆译状语）

④ **Arranging chemical elements according to their atomic weights** we find similar ones at definite intervals.

译文：**如果把化学元素按其原子量排列**，就在某间隔处发现相似元素。 （拆译状语）

⑤ **This quantity known as the particle extinction coefficient *E*** is define as $E=a/b$.

译文：**称为质点消光系数 *E* 的量**，定义如下：$E=a/b$。（拆译主语）

1.4.5 紧缩原则

汉语的主语与谓语之间，谓语与宾语之间都不宜相距太远，近代汉语受西语影响，这种距离似乎有加长的趋势，但仍不宜太长。

此外某些固定词组如"在……之后/之前""除……之外""当……时""正如……一样""不仅如此……而且还"等，中间词语也不应过长，否则形成"坛"形结构，犹如"腹胀"。英语介词或连词(如 in、after、before…等)之后加多少词都不受限制，因为它不需两边收口，即不需像汉语"除……外"那样两边收口。而汉语需要两边收口，为防止"腹胀"现象，并使译文通顺，就应采用紧缩原则。

(1) 主语与谓语，动词与其宾语之间的紧缩

原文主语有较多修饰语或由于采用并列式结构而与谓语相距较远，采用紧缩原则，把主语与谓语之间距离缩短，将原文主语单译成句，然后用相应代词"这""此"等代替原文主语，紧接原文谓语，形成紧缩方法，见例句①和②。宾语若有较多修饰语，使动宾之间距离拉长，也可采用紧缩方法，见例句③。

① Thin plates of quartz, which can be made to vibrate millions of time a second by electrical means, are one source of ultrasonics.

译文：石英薄片**因**可在电的作用下每秒振动数百万次，**而成为**超声源。

② **Radial bearings**, which carry load acting at right angles to the shaft axis, and **thrust bearings**, which take load acting parallel to the direction of shaft axis, **are** two main bearings used in modern machines.

译文：承受垂直于轴心线载荷的是**径向轴承**，承受平行于轴心线载荷的是**止推轴承**。**这是**现代机械使用的两种主要轴承。

原文主语只有 Radial bearings 与 thrust bearings，因二者均有由 which 引导的定语从句进行解释说明，使主语显得冗长。因此将原主语独译成句，然后用"这"代替主语，并与原谓语相接。这样主谓之间的距离缩短，符合汉语习惯。

③ **Remember that** lift and drag are two forces acting on an airplane in flight.

译文：升力与阻力是作用于飞行中的飞机上的两种力，应**记住这一点**。

原文中 that 引导的宾语从句较长，翻译时需紧缩处理。

(2) 某些固定词组的紧缩

The knowledge of the properties of metals or alloys **not only** determines whether such materials are suitable for certain specific uses, **but also** indicates their thermal and mechanical treatments.

译文：了解金属或合金的性能，可决定该材料是否适用于某种特殊用途，**不仅如此，而且还**可以指出它们的热处理及机械加工方法。（not only…but also…引起的紧缩）

1.4.6 巧用汉语的外位成分

"**努力掌握各种翻译技巧，并能熟练地应用**，这是翻译工作者基本功之一。"

句中黑体部分与句中"这"所指是同一事物。对于后面的句子"这是翻译工作者的基本功之一"而言，黑体部分即为外位成分，它与句中的"这"相呼应，彼此关系密切。汉语中，用于句外与句中的一个词或几个词指同一事物的成分，称为外位成分。它可使句子结构简化，重点突出，条理清晰。适当应用外位成分，可使汉译时不好安排的句子成分得到妥善处理，使翻译难题迎刃而解。例如，用来处理长而复杂的主语、宾语、表语及定语或若干词组等。

(1) 处理复杂主语

以 it 作形式主语的句型，或主语过长时，宜将实际主语处理成外位成分，以紧缩主谓之间距离，见例句①和②。

① It is quite natural **that man's flight into outer space has been treated as the most sensational news of the age.**

译文：**人类飞往外层太空被视为这个时代里最轰动的新闻，**这是很自然的事。

② **That the world's first compass was invented by the Chinese people** is a well-known historical fact.

译文：**世界上第一个指南针是中国人发明的，**这是众所周知的历史事实。

(2) 处理复杂的宾语和表语

宾语过长不易与谓语相接，将宾语处理成外位成分，用"这"等指示代词连接，可使谓语与宾语距离缩短，见例句①。汉语表语不宜过长，否则也会违反紧缩原则而不符合汉语规范，这时也可用外位成分处理，见例句②。

① Does it require deep intuition to comprehend **that man's ideas, views and conceptions, in one word, man's consciousness, changes with every change in the conditions of his material existence, in his social relations and his social life**?

译文：**人类的观念、观点和意念，一句话，人类的意识，随着人类的生活条件、社会关系和社会生活的改变而改变，**这难道需要经过深思才能了解吗？

② A further consideration involved in the choice of pump is **whether or not the liquid is corrosive or contains solid particles in suspension.**

译文：**液体是否有腐蚀性，是否含有固体悬浮颗粒，**这是选择泵型时需要进一步考虑的因素。

(3) 处理复杂的定语

用外位成分处理复杂的定语，可使定语变得短小，行文层次清楚。例句如下：

The day **this invention was first demonstrated to scientists** is the date of the birth of the radio.

译文：**该发明曾首次向科学家们演示，**那一天就是无线电诞生日。

1.4.7 长句的译法

在化工专业英语中，为了表达严谨，逻辑紧密，描述准确，长句大量出现。英语长句汉译，一般拆译成汉语短句。

翻译时首先要通读全句，确定句子种类：简单句、并列句还是复合句。若为简单句，先分析确定主要成分(主语、谓语、宾语、表语)，再分析次要成分(定语、状语等)，并弄清主次成分间的关系，同时注意时态、语气和语态等。如为复合句，则应先找出主句，再确定从句类型(主语从句、宾语从句、定语从句、状语从句或同位语从句等)，对各从句再分别按简单句进行分析。

翻译英语长句的过程是综合运用语言和综合运用各种翻译技巧的复杂过程。英语长句的翻译方法一般有分译法、顺译法、倒译法或变序法等。

(1) 分译法

在翻译过程中，将原文某一短语或从句先行单独译出，并借助适当的总括性词语或其他语法手段将前后句联系到一起；或将几个并列成分先概括地合译在前面，而后分别加以叙述；或将原文中不好处理的成分拆开，译成相应的句子或另一独立句子，这种翻译方法称为分译法。

① The diode **consists of a tungsten filament**, which gives off electrons when it is heated, **and a plate** toward which the electrons migrate when the field is in the right direction.

译文：二极管由钨丝和极板组成(**先合译**)：钨丝受热时释放电子，当电场方向为正时，这些电子便向极板移动(**再分别叙述**)。

② Half-lives of different radioactive element vary **from** as much as 900 million years for one form of uranium, **to** a small fraction of a second for form of polonium.

译文：不同元素具有不同半衰期(**先总译**)，如一种铀的半衰期长达9亿年，而有种钋的半衰期却短至几分之一秒(**再分别叙述**)。

(2) 顺译法

英语长句叙述层次与汉语相同时，可按照原文语序或语法结构顺序译出，但并不是每一词都按照原文顺序，例句如下。

Chemists **study the structure** of food, timber, metals, drugs and petroleum to **find out** how the atoms are arranged in molecules, what shape the molecules have, what forces make the molecules arrange themselves into crystals, and how these crystals arrange themselves into useful substances.

译文：科学家们**研究**食物、木材、金属、药品和石油的**结构**，**以期发现**原子在分子中的排列方式、分子形状、晶体分子间的作用力以及晶体构成有用物质的方式等。

(按照原文结构顺序译出)

(3) 倒译法

有时英语长句的叙述层次与汉语相反，这时需根据汉语习惯，改变原文语序，这种翻译方法称为倒译法或变序法。

倒译法常在下列情况下采用：主句后面带有很长的状语(特别是原因状语或方式状语)(见例句①)或状语从句(特别是原因、条件、让步状语从句)(见例句②和③)；或主句后面有很长的定语或定语从句，或宾语从句，而后者按汉语习惯应在主句之前翻译。

还有一种倒译方法，即在几句话中，为使译文表达清楚，将后面的句子先行译出，而不一定按原文的句序，即句子之间的倒译，见例句④。

①Filtration is a slow process and is often sped up, particularly on the industrial scale, **by** spinning the liquid at high speed in a centrifuge so as to force it more quickly through the filter.

译文：过滤是一种慢速分离过程，**利用**液体在离心机中高速旋转，可使液体快速通过过滤器。**通过这种方法**，可加速过滤过程，工业上尤其如此。

原文中的by(通过……方法)引导方式状语后有很多词，将其译为短句先行译出后，利用"**通过这种方法**……,"来衔接，可使层次清楚，又达到紧缩的目的，且译文意思明确、通顺。

② We learn that sodium or any its compounds produces a spectrum having a bright yellow double line **by noticing that there is no such line in the spectrum of light when sodium is not present, but that if the smallest quantity of sodium be thrown into the flame or other source of light**, the bright

yellow line instantly appears.

译文：**我们注意到，把少量钠投入到火焰或其他光源中立即出现一条亮黄色双谱线，当不存在钠时，光谱中就没有这样的双线。因此**我们知道钠或钠的任何化合物所产生的光谱都带有一条亮黄色的双谱线。 **(句内倒译)**

原文中"**by noticing that** there is… when …, but **that**, the bright yellow line instantly appears."作主句的方式状语，该状语长而复杂(其中含有 when …, if…等从句)。

③ There is an equilibrium between the liquid and its vapor, **as** many molecules being lost from the surface of the liquid and then existing **as** vapor, **as** reenter the liquid in a given time.

译文：**一定时间内，许多分子从液体表面逸出成为蒸气，又有同样多分子重新进入液体，因此**液体和蒸气之间存在(传质)动态平衡。 **(句内倒译)**

该句中共有三个 as，中间的 as 作介词，"as vapor"作状语修饰"existing"；其余两 as 构成"**as** many molecules…, **as** reenter the liquid…"含有定语从句的独立结构，含有原因意味，表示"和……一样多"，可先行译出；最后一个 as 是关系代词，在从句中作主语。

②和③采用倒译法，先行译出长的状语，再译主句，并用"因此……"来衔接。

④Normally, in evaporation the thick liquor is the valuable product **and** the vapor is condensed and discarded. Mineral-bearing water is often evaporated to give a solid-free product for boiler feed, for special process requirements, or for human consumption. This technology is often called water distillation, but technically it is evaporation. **In one specific situation, however, the reverse is true.**

译文：通常情况下，蒸发时，黏稠液是有价值的产品，**而**蒸气冷凝后扔掉。**但是在某一特定情况时，则恰恰相反**。含有矿物质的水常被蒸发以获得不含固体的产物，以供锅炉进水，满足特殊工艺要求或供人类使用。此项技术通常称为水的蒸馏，而在技术上却是蒸发。**(段内不同句之间倒译**：原文中最后一句提前译出，便于理解原文意图)

以上分节介绍了翻译方法，在化工专业英语的翻译实践中，往往各种翻译方法互相融合；分节讲述的目的是掌握其基本要点，以便能灵活地运用。

在专业英语中，经常涉及到数量或数量的变化，其常见表达及翻译方法如下。

1.4.8 数量增减的常见表达及翻译方法

(1) 表示数量增加的常见表达及翻译

1)"A+倍数+as+原级+as B"表示"A 是 B 的……倍"。

① The proton is about **1847 times as heavy as** the electron.

译文：质子的质量约为电子的 1847 倍。

② The sulfur atom is **twice as heavy as** the oxygen atom.

译文：硫原子的质量是氧原子的两倍。

2)"A +数字(或 n times)+比较级+ than+B"中"n times"表示"乘以 *n*"，包括基数在内，译为"是……多少倍"(增加 *n*-1 倍)。

① Sound travel nearly **3 times faster** in copper than in lead.

译文：声音在铜中的传播速度几乎**是**铅中的**3 倍**(比在铅中快 2 倍)。

(声音在铜中的传播速度是 2100m/s，在铅中的传播速度为 710m/s，可见声音在铜中的传播速度几乎是铅中的 3 倍，而不是比铅中快 3 倍)。

② Machine A turns **fifty percent faster than** machine B.

译文：机器 A 比机器 B 的转速**快 50%**。

3)“A increase(rise, grow, go up, multiply, be…)+数字 n+times 或 fold+B”中的数字表示增加了“数字 n-1 倍”(增加到 n 倍)。

New machine can **increase 2 times** the payload against 2015.

译文：新机器的有效载荷比 2015 年增加了 1 倍。

4)“A+ by a factor of +数字”表示用 factor 后面的数字乘原数所得的结果，因而表示是原来的 n 倍，即增加了 n-1 倍。

① The speed exceeds the limited **by a factor of 2.**

译文：该速度超过极限速度的 1 倍。

5)double, twice 及 twofold 通常译成“为……的两倍，增加 1 倍等”；treble 译成“为……的 3 倍，增加 2 倍”；quadruple 译成“为……的 4 倍，增加 3 倍”。

“A increase by +数字”中的数字表示净增加的量。

(2) 表示数量减少的常见表达及翻译

1)“具有减少意义的谓语+by+数字”表示净减少的量。

① Cost of the machine was **reduced by** 20%.

译文：该机器成本**降低了 20%**。

② The bandwidth was **reduced by two-thirds.**

译文：带宽**减少了三分之二**。

2)“具有减少意义的谓语+by a factor of +数字 n……”表示减少到 $1/n$ 或减少了 $(n-1)/n$。

The new equipment **reduced** the error probability **by a factor of 8.**

译文：新设备将偶然误差**减少到八分之一**(减少了八分之七)。

3)“reduce(decrease, drop…)+to+数字…”译为降到……，减少到……。

The loss of oxygen **was reduced to 15%** by using this new process.

译文：由于采用新工艺，氧气消耗**降到 15%**。

若原文减少的是倍数，汉语一般不译为减少几倍，而是换算为分数表示(见例句①)，若减少的倍数中有小数，常化为百分数表示(见例句②)，译为“减少了几分之几”或“减少到百分之几”。

换算的方法是将倍数 n 作分母，用 n-1 作分子，则 $n-1/n$ 即表示实际减去的量；$1/n$ 表示减少后实际达到的数字。

① The error probability of the equipment was **reduced by 2. 5 times** through technical innovation.

译文：通过技术革新，该设备的误差概率**降低了 3/5**。(降低到五分之二，或降低了五分之三)

注：reduced by 2. 5 times 换算成整数分数即(2. 5-1)/2. 5=3/5

② By using a new process the production cost was **reduced by 1. 49 times.**

译文：采用新工艺使生产成本**减少到 67. 1%**。(注：1/1. 49=0. 671)

2 General Chemistry 基础化学

2.1 Elements and Periodic Table 元素及周期表

In the time of old Greek, Democritus, a philosopher, thought that the substance must be made of tiny indivisible particles that he called atoms, meaning"invisible". Nowadays, we discover that a substance is composed of molecules or ions, both of which are produced from atoms, however, an atom contains three particles-the positively charged proton, uncharged neutron, and negatively charged electron.

Based on Dalton's atomic theory, Mendeleev, a Russia Chemist, discovered periodicity of elements in 1886. Elements in Periodic Table are arranged by atomic number, i. e., the specific number of proton in nuclei. Modern Periodic Table is composed of a number of vertical columns, called groups, each of which contains a family of elements. These groups are identified by a Roman numeral and a letter, either A or B. Groups I A through VIII A is referred to as the representative elements, while Groups I B through VIII B constitutes transition elements. The horizontal rows in Periodic Table are called periods and are designated by means of Arabic numerals. The elements hydrogen and helium are members of the first period; lithium through neon is known a second-period elements; and so on.

Certain groups of elements are characterized by their chemical properties as well as by their group number. For example, group I A elements are frequently considered as alkali metals because almost all their compounds are caustic or alkali. The group II A elements are called alkaline earth metals for their discovery in minerals and basicity of their compounds. The Group VII A elements are called halogen, derived from the Greek prefix"halo-", meaning"salty". Finally, Group VIII A elements are noble gases or rare gases due to their extreme rarity in the earth and their inert chemical properties. Specialized groups, such as noble metals, which are most commonly considered to be ruthenium(钌), rhodium(铑), palladium(钯), silver, osmium(锇), iridium(铱), platinum, and gold, are known and occasionally denoted due to their rarity in the earth's crust.

In terms of electronic configuration, the different regions of the Periodic Table are sometimes referred to as blocks, each of which is named according to the electronic configuration. The s-block comprises the first two group, namely, Group I A and Group II A, as well as hydrogen and helium; whereas the p-block comprises the last six representative group, namely, Group III A-VIII A. The d-block comprises transition elements of group I B to VIII. The f-block, usually offset below the rest of the periodic table, comprises the lanthanides and actinides.

The elements in Periodic Table can be broadly classified according to their physical and chemical properties into the major categories of metals, metalloids and nonmetals. Metals, whose English names end mostly in suffix -ium or -um (e. g., strontium, aluminum), are generally located to the left or bottom of the Periodic Table. They are ordinarily lustrous, highly thermally and electrically conducting solids which form alloys with one anther and salt-like ionic compounds with nonmetals. Nonmetals are located to the right or top. They are mostly colored or colorless insulating gases or solids that form covalent compounds with one another. In between metals and nonmetals are metalloids or semi-conductor, such as silicon, germanium, which have intermediate or mixed properties.

Metal and nonmetals can be further classified into similar subcategories that show a left to right gradation in metallic to non-metallic properties. The metals are divided into the highly reactive alkali metals, through the less reactive alkaline earth metals, lanthanides and actinides, *via* the archetypal transition metals, and ending in the physically and chemically weak other metals. The nonmetals are simply subdivided into the polyatomic nonmetals which, being nearest the metalloids, show some incipient metallic character; the diatomic nonmetals, which are essentially nonmetallic; and the monatomic noble gases, which are almost completely inert and nonmetallic.

Placing the elements into categories and subcategories based on shared properties is imperfect. There is a spectrum of properties, within each category it is not hard to find overlaps at the boundaries, as is the case with most classification schemes. Beryllium, for example, is classified as an alkaline earth metal although its amphoteric chemistry and tendency to mostly form covalent compounds are both attributes of a chemically weak or other metal. Radon is classified as a nonmetal and a noble gas yet has some cationic chemistry that is more characteristic of a metal.

From General Chemistry(3rd version), edited by James Brady. John Wiley&Sons, Inc., USA. 1982, *p*70-72.

Vocabularies

alkaline	*n. & adj.*	碱；碱性的
atomic number		原子序数
atomic weight		原子量
caustic	*adj.*	强腐蚀性的
electronic configuration		电子构型
lustrous	*adj.*	有光泽的
lanthanides and actinides		镧系元素和锕系元素

Words study

1. 元素英文名称中，以-ium 或-um 结尾往往是金属元素，如 sod**ium**（Na），potass**ium**

(K), aluminium 或 aluminum (Al); -gen 或-on 结尾的往往是非金属元素，如 hydrogen(H), nitrogen(N), oxygen(O); carbon (C), boron (B), silicon (Si)等。

2. 多数元素符号是其英文的首字符，见表 2-1，也有些元素符号来自拉丁语，见表 2-2；第一至第八主族元素的英文名称见表 2-3 和表 2-4；代表性过渡元素见表 2-5 和表 2-6；易混元素符号及其英文名称见表 2-7；元素周期表和镧系元素与锕系元素见 Figure 2-1。

表 2-1 源自英文首字符的元素符号及其英文

symbol	English	symbol	English	symbol	English	symbol	English
H	**h**ydrogen	O	**o**xygen	N	**n**itrogen	S	**s**ulfur
F	**f**luorine	B	**b**oron	C	**c**arbon	P	**p**hosphorus
I	**i**odine	V	**v**anadium	U	**u**ranium	Y	**y**ttrium(钇)

表 2-2 源自拉丁文的元素符号及其英文

symbol	English	Latin *n. & adj.*	symbol	English	Latin *n. & adj.*
Na	sodium	**na**trium	Fe	iron	**fe**rrium, **fe**rric, **fe**rrous
K	potassium	**k**alium	Cu	copper	**cu**prum, **cu**pric, **cu**prous
Hg	mercury	**h**ydrar**g**yrum	Sn	tin	**s**ta**n**num, sta**n**nic, sta**n**nous
Au	gold	**au**rum, **au**ric, **au**rous	Sb	antimony	**stib**(on)ium, **stib**onic, **stib**onous
Ag	silver	**a**r**g**entum, **a**r**g**entic, **a**r**g**entous	Pb	lead	**p**lum**b**um, **p**lum**b**ic, **p**lum**b**ous
W	tungsten	**w**olfram			

表 2-3 ⅠA to ⅣA 族元素符号及其英文

ⅠA		ⅡA		ⅢA		ⅣA	
symbol	English	symbol	English	symbol	English	symbol	English
H	hydro**gen**						
Li	lith**ium**	Be	beryll**ium**	B	bor**on**	C	carb**on**
Na	sod**ium**	Mg	magnes**ium**	Al	alumin**um**	Si	silic**on**
K	potass**ium**	Ca	calc**ium**	Ga	gall**ium**	Ge	german**ium**
Rb	rubid**ium**	Sr	stront**ium**	In	ind**ium**	Sn	tin
Se	caes**ium**	Ba	bar**ium**	Tl	thall**ium**	Pb	lead
Fr	franc**ium**	Ra	rad**ium**				

表 2-4 ⅤA to ⅧA 族元素符号及其英文

ⅤA		ⅥA		ⅦA		ⅧA or 0	
symbol	English	symbol	English	symbol	English	symbol	English
N	nitro**gen**	O	oxy**gen**	F	fluro**ine**	Ne	ne**on**
P	phosphor**us**	S	sulfur	Cl	chlor**ine**	Ar	arg**on**
As	arsenic	Se	selen**ium**	Br	brom**ine**	Kr	krypo**n**
Sb	antimony	Te	tellur**ium**	I	iod**ine**	Xe	xen**on**
Bi	bismuth	Po	polon**ium**	At	astat**ine**	Rn	rad**on**

表 2-5　Ⅷ to ⅡB 族代表性过渡元素及英文

Ⅷ						ⅠB		ⅡB	
symbol	English	symbol	English	symbol	English	symbol	English	symbol	English
Fe	iron	Co	cobalt	Ni	nickel	Cu	copper	Zn	zinc
Y	yttrium	Zr	zirconium	Nb	niobium	Ag	silver	Cd	cadmium
						Au	gold	Hg	mercury

表 2-6　Ⅲ B to Ⅵ B 族代表性过渡元素及英文

ⅢB		ⅣB		ⅤB		ⅥB	
symbol	English	symbol	English	symbol	English	symbol	English
Sc	scandium	Ti	titanium	V	vanadium	Cr	chromium
Y	yttrium	Zr	zirconium	Nb	niobium	Mo	molybdenum

表 2-7　某些易混淆元素的符号及其英文对比

symbol	English	symbol	English	symbol	English	symbol	English
B	boron	Cl	chlorine	Mg	magnesium	Pb	lead
Be	beryllium	Cr	chromium	Mn	manganese	Pt	platinum
Bi	bismuth	Co	cobalt	Mo	molybdenum	Pd	palladium

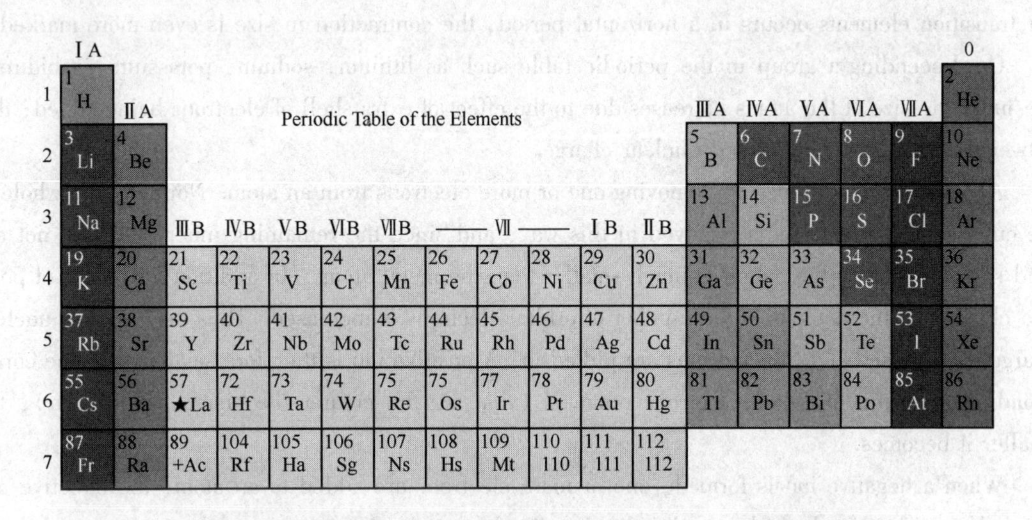

Figure 2-1　Periodic Table of the elements, the lanthanides and actinide series

Reading Material 1　Chemistry-How to Classify the Matters
物质的化学分类

Matter = any material substance with Mass & Volume, comes in 3 phases: solid with definite shape and definite volume; liquid with definite volume and indefinite shape, which takes the shape of the container; and gas with indefinite shape-takes the shape of the container and indefinite volume-can expand and be compressed. Matters include heterogeneous and homogeneous, which include pure substances and mixtures, all of them are made of elements that make up everything in the universe.

Reading Material 2　Size of Atoms and Ions
原子与离子半径

The size of atoms decreases from left to right across a period in the periodic table. For example, on moving from lithium to beryllium, the number of charges on the nucleus is increased by one, so that all the orbital electrons are pulled in closer to the nucleus. In a given period, the alkali metal is the largest atom and the halogen the smallest. When a row of ten transition elements or fourteen inner transition elements occurs in a horizontal period, the contraction in size is even more marked.

On descending a group in the periodic table such as lithium, sodium, potassium, rubidium, caesium, the size of the atoms increases due to the effect of extra shell of electrons being added; this outweighs the effect of increased nuclear charge.

A positive ion is formed by removing one or more electrons from an atom. Normally the whole of the outer shell of electrons is removed in this way, and since the remaining inner shells do not extend so far in space, the cation is much smaller than the metal atoms. In addition, the ratio of positive charges on the nucleus to the number of orbital electrons is increased. Thus the effective nuclear charge is increased and the electrons are pulled in. A positive ion is therefore smaller than the corresponding atom and the more electrons removed (that is, the greater the charge on the ion), the smaller it becomes.

When a negative ion is formed, one or more electrons are added to an atom, the effective nuclear charge is reduced and hence the electron cloud expends. Negative ions are bigger than the corresponding atom.

The atomic and ionic radius for representative elements is shown in Table 2-8.

Table 2-8　Atomic and Ionic Radius for Representative Elements

atomic radius/nm		ionic radius/nm				Van der Waals non-bounded radius/nm	
Na	0.157	Na^+	0.098	Cl^-	0.181	Cl	0.140
Fe	0.117	Fe^{2+}	0.076	Fe^{3+}	0.064		

2.2 Nomenclature of Inorganic Substances 无机物的命名

To find information about a particular substance, you must know its chemical formula and name. The name and formula of compounds are essential vocabulary in chemistry, as the grammar of normal English. The standard of nomenclature in chemistry are the Rules published by International Union of Pure and Applied Chemistry (IUPAC).

You will meet many compounds in this text and will learn their name as you go along. However, it is useful from the outset to know something about how to form their names. Many compounds were given common names before their compositions were known. Common names include water, salt, sugar, ammonia, and quartz. A systematic name, on the other hand, reveals which elements are present and, in some cases, how their atoms are arranged. The systematic name of table salt, for instance, is sodium chloride, which indicates at once that it is a compound of sodium and chlorine. The systematic naming of compounds, which is called chemical nomenclature, follows a set of rules, so that the name of each compound need not be memorized, only the rules.

(1) Names of Cations (Positive Ion)

The names of monatomic cations are the same as the name of the element, with the addition of the word ion, as in sodium ion for Na^+. When an element can form more than one kind of cation, such as Cu^+ and Cu^{2+} from copper, we use the Stock number, a Roman numeral equal to the charge of the cation. Thus, Cu^+ is a copper(I) ion and Cu^{2+} is a copper(Ⅱ) ion. Similarly, Fe^{2+} is an iron(Ⅱ) ion and Fe^{3+} is an iron(Ⅲ) ion. Most transition metals form more than one kind of ion, so it is usually necessary to include a Stock number in the names of their compounds.

An older system of nomenclature is still in use. For example, some cations were once denoted by the endings -ous and -ic for the ions with lower and higher charges, respectively.

In this system, iron(Ⅱ) ions are called ferrous ions and iron(Ⅲ)ions are called ferric ions.

(2) Names of Anions (Negative Ion)

Monatomic anions are named by adding the suffix -ide and the word ion to the first part of the name of the element (the "stem" of its name). There is no need to give the charge, because most elements that form monatomic anions form only one kind of ion, the ions formed by the halogens are collectively called halide ions and include fluoride (F^-), chloride (Cl^-), bromide(Br^-) and iodide ions(I^-).

(3) Names of Oxoanions(Oxyanions)

The names of oxoanions are formed by adding the suffix -ate to the stem of the name of the element that is not oxygen, as in the carbonate ion, CO_3^{2-}.

However, many elements can form a variety of oxoanions with different numbers of oxygen atoms; nitrogen, for example, forms both NO_2^- and NO_3^-. In such cases, the ion with the larger number of oxygen atoms is given the suffix -ate, and that with the smaller number of oxygen atoms is given the suffix -ite. Thus, NO_3^- is nitrate and NO_2^- is nitrite.

Some elements, particularly the halogens, form more than two oxoanions. The name of the oxoanion with the smallest number of oxygen atoms is formed by adding the prefix hypo- to the -ite form of the name, as in the hypochlorite ion, ClO^-. The oxoanion with a higher number of oxygen atoms than the -ate oxoanion is named with the prefix per- added to the -ate form of the name. An example is the perchlorate ion, ClO_4^-.

Some anions include hydrogen, such as HS^- and HCO_3^-. The names of these anions begin with "hydrogen". Thus, HCO_3^- is the hydrogen carbonate ion. In an older system of nomenclature, an anion containing a hydrogen atom was named with the prefix bi-, as in bicarbonate ion for HCO_3^-.

(4) Names of Acids (Oxoacids)

The oxoacids are molecular compounds that can be regarded as the parents of the oxoanions. The formulas of oxoacids are derived from those of the corresponding oxoanions by adding enough hydrogen ions to balance the charges. This procedure is only a formal way of building the chemical formula, because oxoacids are all molecular compounds. For example, the sulfate ion, SO_4^{2-}, needs two H^+ ions to cancel its negative charge, so sulfuric acid is the molecular compound H_2SO_4.

Similarly, the phosphate ion, PO_4^{3-}, needs three H^+ ions, so its parent acid is the molecular compound H_3PO_4, phosphoric acid. As these examples illustrate, the names of the parent oxoacids are derived from those of the corresponding oxoanions by replacing the- ate suffix with -ic acid. In general, -ic oxoacides are the parents of -ate oxoanions and -ous oxoacids are the parents of -ite oxoanions.

(5) Names of Ionic Compounds (Binary and Pseudo-binary)

An ionic compound is named with the cation name first, followed by the name of the anion; the word ion is omitted in each case. Typical names include potassium chloride (KCl), a compound containing K^+ and Cl^- ions, and ammonium nitrate (NH_4NO_3), which contains NH_4^+ and NO_3^- ions.

The copper chloride that contains Cu^+ ions (CuCl) is called copper(I) chloride, and the chloride that contains Cu^{2+} ions ($CuCl_2$) is called copper(II) chloride.

Some ionic compounds form crystals that incorporate a definite proportion of molecules of water as well as the ions of the compound itself. These compounds are called hydrates. For example, copper(I) sulfate normally occurs as blue crystals of composition $CuSO_4 \cdot 5H_2O$. The raised dot in this formula is used to separate the water of hydration from the rest of the formula. This formula indicates that there are five H_2O molecules for each $CuSO_4$ formula unit . Hydrates are named by first giving the name of the compound, then adding the word hydrate with a Greek prefix indicating how many molecules of water are found in each formula unit. For example, the name of $CuSO_4 \cdot 5H_2O$ is copper(II) sulfate pentahydrate.

(6) Names of Molecular Compounds

Many simple molecular compounds are named by using the Greek prefixes to indicate the number of each type of atom present. Usually, no prefix is used if only one atom of an element is present; an important exception to this rule is carbon monoxide, CO. Most of the common binary molecular compounds—molecular compounds built from two elements—have at least one element from Group ⅥA or ⅦA. These elements are named second , with their endings changed to -ide :

phosphorus trichloride PCl_3 | dinitrogen oxide N_2O
sulfur hexafluoride SF_6 | dinitrogen pentoxide N_2O_5
aluminum oxide Al_2O_3 | magnesium nitride Mg_3N_2

From Chemistry-The Central Science, *edited by Theodore L. Brown. Prtentice-Hall*, *Inc.*, *USA*. 2003, *p*54-60

Vocabularies

IUPAC (International Union of Pure and Applied Chemistry)		国际理论化学与应用化学联合会
chemical formula		化学式
oxoanion	*n.*	含氧阴离子
binary	*adj.*	二元的
pseudo-		(前缀)准，假的
homo-		(前缀)相同的

Words study

1. 金属元素的词尾多以-ium 或-um 构成，其相应的金属高价态阳离子以-ic 为词尾，而低价态阳离子则以-ous 为词尾。典型例词及其词尾见表 2-9。

表 2-9　金属及其阳离子的词尾和例词

金属元素词尾：**ium**，**um**	高价态阳离子词尾：**ic**	低价态阳离子词尾：**ous**
stibon**ium** 锑	stibon**ic** (Ⅴ)	stibon**ous** (Ⅲ)
stann**um** 锡	stann**ic** (Ⅳ)	stann**ous** (Ⅱ)
ferr**ium** 铁	ferr**ic** (Ⅲ)	ferr**ous** (Ⅱ)
aur**um** 金	aur**ic** (Ⅲ)	aur**ous** (Ⅰ)
cupr**um** 铜	cupr**ic** (Ⅱ)	cupr**ous** (Ⅰ)

2. 非金属元素及其含氧酸根离子的命名规律：其中非金属元素一部分以-gen 结尾，还有一部分以-on 结尾，卤族元素则以-ine 结尾；卤化物、卤代物、卤酸盐分别以-ide、-o、-ate结尾；含氧酸根离子则以-ite(亚)和 per-(高)，meta-(偏)和 hypo-(次)，pyro-(焦)等词缀修饰；其例词见表 2-10~表 2-12。

表 2-10　非金属元素的构词词尾及例词

符号	名称	卤化物	卤代	卤酸盐	符号	名称
H	hydro**gen**				Ne	ne**on**
O	oxy**gen**				Ar	arg**on**
N	nitro**gen**				Kr	kryp**on**
At	asta**tine**				Xe	xen**on**
F	fluor**ine**	flur**oide**	fluor**o-**		Rn	rad**on**
Cl	chlor**ine**	chlor**ide**	chlor**o-**	chlor**ate**	B	bor**on**
Br	brom**ine**	brom**ide**	brom**o-**	brom**ate**	C	carb**on**
I	io**dine**	iod**ide**	iod**o-**	iod**ate**	Si	sillic**on**

表 2-11　酸根离子的构词词缀及例词

离子	英语写法	汉语名称
ClO^-	**hypo**chlor**ite** ion	次氯酸根
ClO_2^-	chlor**ite** ion	亚氯酸根
ClO_3^-	chlor**ate** ion	氯酸根
ClO_4^-	**per**chlor**ate** ion	高/过氯酸根
PO_3^-	**meta**phosph**ate** ion	偏磷酸根
$P_2O_7^{4-}$	**pyro**phosph**ate** ion	焦磷酸根

3. The simple multiplying Greek prefixes, rather than English number, are often used in nomenclature of compounds to show the number of atoms in a molecule. The common Greek prefixes are listed in Table 2-12.

Table 2-12　Common Greek prefixes in nomenclature of inorganic compounds

prefix	meanings	prefix	meanings	prefix	meanings
mono-	one	deca-	ten	nonadeca-	nineteen
di-	two	undeca-	eleven	icosa-	twenty
tri-	three	dodeca-	twelve	henicosa-	twenty-one
tetra-	four	trideca-	thirteen	docosa-	twenty-two
penta-	five	tetradeca-	fourteen	tricosa-	twenty-three
hexa-	six	pentadeca-	fifteen	tetracosa-	twenty-four
hepta-	seven	hexadeca-	sixteen	triaconta-	thirty
octa-	eight	heptadeca-	seventeen	hentriaconta-	thirty-one
nona-	nine	octadeca-	eighteen	dotriaconta-	thirty-two

4. The common elements and names of its cations are listed in Table 2-13.

Table 2-13 Common element and its cation's name in nomenclature of inorganics

cation	element	cation's name	cation	element	cation's name
Na^{+}	sodium	sodium ion	K^{+}	potassium	potassium ion
Ba^{2+}	barium	barium ion	Al^{3+}	aluminum	aluminum ion
Cu^{+}	copper or cuprum	copper(Ⅰ) ion cuprous ion	Fe^{2+}	iron or ferrum	iron(Ⅱ) ion ferrous ion
Cu^{2+}		copper(Ⅱ) ion cupric ion	Fe^{3+}		iron(Ⅲ) ion ferricion
Sn^{2+}	tin or stannum	tin(Ⅱ) ion stannous	Pb^{2+}	lead or plumbum	lead(Ⅱ) ion plumbous ion
Sn^{4+}		tin(Ⅳ) ion stannic ion	Pb^{4+}		lead(Ⅳ) ion plumbic ion
V^{+}	vanadium	vanadium(Ⅰ) ion	Hg_2^{2+}	mercury	dimercury(Ⅱ) ion
V^{2+}		vanadium(Ⅱ) ion	Hg^{2+}		mercury(Ⅱ) ion
V^{4+}		vanadium(Ⅳ) ion	O_3^{2+}	oxygen	trioxygen(Ⅱ) ion
NH_4^{+}	ammonia	ammonium ion	O_2^{+}		dioxygen(Ⅰ) ion
H_3O^{+}	hydrogen	hydronium ion (hydrated hydrogen ion)			

5. The common anions and their names are listed in Table 2-14.

Table 2-14 Common anions and their names in nomenclature of inorganic compounds

anion	anion's name	anion	anion's name
H^{-}	hydride ion	OH^{-}	hydroxide ion
O^{2-}	oxide ion	S^{2-}	sulfide ion
O_2^{2-}	peroxide ion	S_2^{2-}	disulfideion
HO_2^{-}	hydrogen peroxide ion	HS^{-}	hydrogen sulfide ion
NO_2^{-}	nitrite ion	SO_3^{2-}	sulfite ion
NO_3^{-}	nitrate ion	SO_4^{2-}	sulfate ion
Cl^{-}	chloride ion	Br^{-}	bromide ion
ClO^{-}	hypochlorite ion	BrO^{-}	hypobromite ion
ClO_2^{-}	chlorite ion	BrO_2^{-}	bromite ion
ClO_3^{-}	chlorate ion	BrO_3^{-}	bromate ion
ClO_4^{-}	perchlorate ion	IO_4^{-}	periodate ion
MnO_4^{2-}	manganate ion	MnO_4^{-}	permanganate ion
CO_3^{2-}	carbonate ion	PO_4^{3-}	phosphate ion
$H_2PO_4^{-}$	dihydrogen phosphate ion	PO_3^{3-}	phosphonate ion (an exception)
CN^{-}	cyanide	N^{3-}	nitride ion

6. The nomenclatures for representative acids and ionic compounds are listed in Table 2-15.

Table 2-15 The Nomenclature for representative acids and ionic compounds

chemical formula	nomenclature	chemical formula	nomenclature
HNO_3	nitric acid	H_2SO_4	sulfuric acid
HNO_2	nitrous acid	H_2SO_3	sulfurous acid
HClO	hypochlorous acid	HCl(aq)	hydrochloric acid
$HClO_4$	perchloric acid	H_2S(aq)	hydrosulfuric acid
NaCl	sodium chloride	LiOH	lithium hydroxide
K_2SO_4	potassium sulfate	$Ca(ClO)_2$	calcium hypochlorite
H_2O_2	hydrogen peroxide	$Tl(PO_4)$	thallium(III) phosphate

Reading Material 3 Additional Compounds 加合物

(1) Coordination Compounds

Species such as $[Ag(NH_3)_2]^+$ that are assemblies of a central atom bounded to a group of surrounding molecules or ions are called complexes. If the complex carries a net electric charge, it is generally called a complex ion. Compounds that contain complexes are known as coordination compounds.

Molecules or ions that surround the metal ion in a complex are known as ligands (from Latin *ligare*, meaning "to bind"). For example, there are two NH_3 ligands bonded to Ag^+ in $[Ag(NH_3)_2]^+$. The central atom and ligands bound to it constitute the coordination sphere. The number of coordination bonds to central atom is known as the coordination number. In $[Ag(NH_3)_2]^+$ silver has a coordination number of 2; In $[Cr(H_2O)_4Cl_2]^+$ chromium has a coordination number of 6.

In naming salt, the name of cation is given before the name of the anion.

Within a complex ion or molecule the ligands are named before the central atom or ion. Ligands are listed in alphabetical order, regardless of charge on the ligand. Prefixes that are given the number of ligands are not considered part of the ligand name in determining alphabetical order.

Thus, in the $[Co(NH_3)_5Cl]^{2+}$ ion we name the ammonia ligand first, then chloride, then the central atom: pentaamminechlorocobalt (III). Note, however, that in writing the formula, the central atom is listed first.

The names of anionic ligands end in the letter "o", whereas neutral ones ordinarily bear the names of molecules. Thus, we have chloro for Cl^-, cyano for CN^-, and so on. Special names are given to H_2O (aqua) and NH_3 (ammine).

$[Fe(CN)_2(NH_3)_2(H_2O)_2]^+$ would be named as diamminediaquadicyanoiron(III) ion.

Greek prefixes (di-, tri-, tetra-, penta-, and hexa-) are used to indicate the number of each kind of ligand when more than one is present. If the ligand itself contains a prefix of this kind, alternate prefixes are used (bis-, tris-, tetrakis-, pentakis-, hexakis-) and the ligand name is placed in parentheses. For example, the name for $[Co(en)_3]Br_3$ is tris(ethylenediamine)cobalt(III) bromide.

If the complex is anion, its name ends in"-ate". For example, the compound $K_4[Fe(CN)_6]$ is named potassium hexacyanoferrate(II) and $[CoCl_4]^{2-}$ is called tetrachlorocobaltate(II) ion. The oxidation number of the central atom is given in parentheses in Roman numerals following the name of the central atom.

(2) Hydrates & Addition Compounds

Compounds such as $FeCl_3 \cdot 6H_2O$ and $CuSO_4 \cdot 5H_2O$, which contain a salt and water combined in definite proportion, are known as hydrates. The names of such compounds may be connecting their parent names followed by word "hydrate". Greek prefixes are always cited to indicate the number of water molecules.

$Na_2CO_3 \cdot 10H_2O$	sodium carbonate decahydrate
$KAl(SO_4)_2 \cdot 12H_2O$	aluminum potassium sulfate dodecahydrate
$FeCl_3 \cdot 6H_2O$	iron(III) chloride hexahydrate

Addition compounds cover a lattice compounds, whose structures are still uncertain. The name of such may be formed by connecting the names of individuals by Arabic numerals.

$BF_3 \cdot NH_3$	boron trifluoride-ammonia (1/1)
$CaCl_2 \cdot 8NH_3$	calcium chloride-ammonia (1/8)
$AlCl_3 \cdot 4C_2H_5OH$	aluminum chloride ethanol (1/4)

From General Chemistry(3rd version), edited by James Brady. John Wiley&Sons, Inc., USA. 1982, *p*127.

Vocabularies

ligand	*n.*	配位体
ammine	*n.*	氨络物；氨合物；氨配物(氨气分子作为配位体)
ammonia	*n.*	氨；氨水；氨气；气态氨
addition compound	*n.*	加合物

2.3 Classification and Nomenclature of Organic Compounds 有机物分类与命名

Hydrocarbons are divided into two main classes: aliphatic and aromatic. This classification dates from the nineteenth century, when organic chemistry was devoted almost entirely to the study of materials from natural sources, and terms were coined that reflected a substance's origin. Two sources were fats and oils, and the word *aliphatic* was derived from the Greek word *aleiphar* meaning "fat". Aromatic hydrocarbons, irrespective of their own odor, were typically obtained by chemical treatment of pleasant-smelling plant extracts.

Aliphatic hydrocarbons include three major groups: alkanes, alkenes, and alkynes. Alkanes are hydrocarbons in which all the bonds are single bonds, alkenes contain at least one carbon-carbon double bond, and alkynes contain at least one carbon-carbon triple bond. Examples of the three classes of aliphatic hydrocarbons are the two-carbon compounds ethane, ethylene, and acetylene.

Another name for aromatic hydrocarbons is arenes. Arenes have properties that are much different from alkanes, alkenes, and alkynes. The most important aromatic hydrocarbon is benzene.

Organic chemists have developed systematic ways to name compounds based on their structure. The most widely used from approach is called the IUPAC rules; IUPAC stands for the International Union of Pure and Applied Chemistry.

Alkane names form the foundation of the IUPAC system; more complicated compounds are viewed as being derived from alkanes. The IUPAC names assigned to unbranched alkanes are shown in Table 2-16. Methane, ethane, propane, and butane are retained for CH_4, CH_3CH_3, $CH_3CH_2CH_3$, and $CH_3CH_2CH_2CH_3$, respectively. Thereafter, the number of carbon atoms in the chain is specified by a Greek prefix preceding the suffix -ane, which identifies the compound as a member of the alkane family. Notice that the prefix n- is not part of the IUPAC system. The IUPAC name for $CH_3CH_2CH_2CH_3$ is butane, not *n*-butane.

Table 2-16 IUPAC names of unbranched alkanes

prefix	English	Chinese	prefix	English	Chinese	prefix	English	Chinese
meth-	methane	甲烷	hexa-	hexane	己烷	undeca-	undecane	十一烷
eth-	ethane	乙烷	hepta-	heptane	庚烷	dodeca-	dodecane	十二烷
prop-	propane	丙烷	octa-	octane	辛烷	trideca-	tridecane	十三烷
but-	butane	丁烷	nona-	nonane	壬烷	tetradeca-	tetradecane	十四烷
penta-	pentane	戊烷	deca-	decane	癸烷	pentadeca-	pentadecane	十五烷

A functional group is the atom or group in a molecule most responsible for the reaction the compound undergoes under a prescribes set of conditions. How the structure of the reactant is transformed to that of the product is what we mean by the reaction mechanism.

Organic compounds are grouped into families according to the functional group they contain. The double bond is a functional group in an alkene, the triple bond a functional group in an alkyne, and the benzene ring itself is a functional group in an arene. Table 2-17 lists the major families of organic compounds covered in this text and their functional groups.

Table 2-17 Functional group in some important classes of organic compounds

class	generalized abbreviation	representative example	name of example
alcohol	ROH	CH_3CH_2OH	ethanol
alkyl halide	RX	CH_3CH_2Cl	chloroethane
ether	ROR	$CH_3CH_2OCH_2CH_3$	diethyl ether
ester	RCOOR'	$CH_3COOCH_2CH_3$	ethyl ethanoate

续表

class	generalized abbreviation	representative example	name of example
aldehyde	RCHO	CH_3CHO	ethanal
ketone	RCOR'	$CH_3COCH_2CH_3$	2-butanone
carboxylic acid	RCOOH	CH_3COOH	ethanoic acid
acyl halide	RCOX	CH_3COCl	ethanoyl chloride
acid anhydride	RCOOCOR'	$CH_3COOCOCH_3$	ethanoic anhydride
amine	RNH_2	$CH_3CH_2NH_2$	ethanamine
amide	RCONR'	CH_3CONH_2	ethanamide
nitrile	$RC\equiv N$	$CH_3CH_2C\equiv N$	propanenitrile
nitroalkane	RNO_2	$CH_3CH_2NO_2$	nitroethane
sulfide	RSR	CH_3SCH_3	dimethyl sulfide
thiol	RSH	CH_3CH_2SH	ethanethiol

From Organic Chemistry (7th version), edited by Francis A. Carey. McGraw-Hill, Inc., USA. 2008, *P*59-60, 71, 139-140.

Vocabularies

aliphatic	*adj.*	脂肪族的，脂肪质的
aromatic	*adj.*	芳香的，有香味的；
	n.	芳香植物；芳香剂，香料
arene	*n.*	芳烃
hydrocarbon	*n.*	碳氢化合物，烃
alkane	*n.*	链烷，烷烃
alkene	*n.*	烯烃，链烯
alkyne	*n.*	炔，炔烃
ethylene	*n.*	乙烯，乙撑
acetylene	*n.*	乙炔，电石气
benzene	*n.*	苯
ethanol	*n.*	乙醇
chloroethane	*n.*	氯乙烷，乙基氯
diethyl ether	*n.*	二乙(基)醚
ethyl ethanoate	*n.*	乙酸乙酯
ethanal	*n.*	乙醛
2-butanone	*n.*	2-丁酮
ethanoic acid	*n.*	乙酸

ethanoyl chloride	*n.*	乙酰氯
ethanoic anhydride	*n.*	乙酸酐
ethanamine	*n.*	乙胺
ethanamide	*n.*	乙酰胺
propanenitrile	*n.*	丙腈
nitroethane	*n.*	硝基乙烷
dimethyl sulfide	*n.*	二甲基硫醚
ethanethiol	*n.*	乙硫醇

Words study

有机物的系统命名中以表示碳数多少的拉丁或希腊数字前缀，结合表示有机物官能团特征后缀构成，其中主要后缀及其名称有：**-ane 烷**、**-ene 烯**、**-yne 或-ine 炔**、**-yl 基**、**-anol / alcohol 醇**、**phenol 酚**、**carboxylic acid 羧酸或-anoic acid 酸**、**acid anhydride 酸酐**、**-ose 糖**、**-ase 酶**、**-oside 糖苷**、**-anal / aldehyde 醛**、**-anone /ketone 酮**、**ester 酯**、**ether 醚**、**lactone 内酯**、**-amine 胺**、**-amide 酰胺**、**-azide 叠氮**、**hydrazine 肼**、**hydrazone 腙**；**phenyl 苯基**、**carbonyl 羰基**、**carboxyl 羧基**、**benzyl 苄基**、**aryl 芳基**等。

有机化合物命名的常用前缀及例词见表 2-18，主要官能团及其典型化合物的中英文对照见表 2-19。

表 2-18　有机物命名的常用数字前缀及例词

前　缀	含　义	例　　词
meth- **form-**	甲	**meth**ane（甲烷），**form**ic acid（甲酸）
eth-	乙	**eth**ylene 或 **eth**ene（乙烯），**etha**nol（乙醇）
acet-	乙	**acet**hylene（乙炔），**acet**one（丙酮）
prop-	丙	**prop**anoic（丙酸），**prop**yl（丙基）
but-	丁	**but**ene（丁烯），**butyl**aldehyde（丁醛）
penta-	戊	**pent**anal（戊醛），**pent**anol（戊醇）
hexa-	己	**hex**ane（己烷），**hex**ene（己烯）
hepta-	庚	**hept**yl aldehyde（庚醛）
octa-	辛	**oct**ane（辛烷）
nona-	壬	**non**anol（壬醇）
deca-	癸	**dec**anol（癸醇）
sesqui-	倍半	**sesqui**ester（倍半酯）

表 2-19 主要官能团及其典型化合物的中英文对照

官能团		典型化合物		典型化合物结构式
英文	中文	英文	中文	
alkane	烷	methane	甲烷	CH_4
alkene	烯	ethene	乙烯	$CH_2{=}CH_2$
alkyne/alkine	炔	ethyne/acetylene	乙炔	$CH{\equiv}CH$
alkyl	烷基	propyl	丙基	$CH_3CH_2CH_2—$
alcohol	醇	ethanol	乙醇	CH_3CH_2OH
alkyl halide	烷基卤	chloroethane	氯乙烷	CH_3CH_2Cl
ether	醚	diethyl ether	二乙(基)醚	$CH_3CH_2OCH_2CH_3$
ester	酯	ethyl ethanoate	乙酸乙酯	$CH_3COOCH_2CH_3$
aldehyde	醛	ethanal	乙醛	CH_3CHO
ketone	酮	2-butanone	2-丁酮	$CH_3COCH_2CH_3$
carboxylic acid	羧酸	ethanoic acid	乙酸	CH_3COOH
acyl halide	酰卤	ethanoyl chloride	乙酰氯	CH_3COCl
acid anhydride	酸酐	ethanoic anhydride	乙酸酐	$CH_3COOCOCH_3$
amine	胺	ethanamine	乙胺	$CH_3CH_2NH_2$
amide	酰胺	ethanamide	乙酰胺	CH_3CONH_2
nitrile	腈	propanenitrile	丙腈	$CH_3CH_2C{\equiv}N$
nitroalkane	硝基烷	nitroethane	硝基乙烷	$CH_3CH_2NO_2$
sulfide	硫化物	dimethyl sulfide	甲硫醚	CH_3SCH_3
thiol	硫醇	ethanethiol	乙硫醇	CH_3CH_2SH

2.4 Nomenclature of Hydrocarbons 烃的命名

Alkanes

Ideally, every organic compound should have a name that dearly describes its structure and from which a structural formula can be drawn. For this purpose, chemists throughout the World have accepted a set of rules established by the International Union of Pure and Applied Chemistry (IUPAC). This system is known as the IUPAC system, or alternatively, the Geneva system because the first meetings of the IUPAC were held in Geneva, Switzerland. The IUPAC name of an alkane with an unbranched chain of carbon atoms consists of two parts; (1) a prefix that indicates the number of carbon atoms is the chain; and (2) the ending -ane, to show that the compound is an alkane.

Prefixes used to show the presence of from one to 20 carbon atoms are given in Table 2-20.

Table 2-20 Prefixes Used in the IUPAC System to Indicate One to 20 Carbon Atom in a Chain

number of carbon atom	prefix	name of alkane	number of carbon atom	prefix	name of alkane
1	meth-	methane	11	undeca-	undecane
2	eth-	ethane	12	dodeca-	dodecane
3	prop-	propane	13	trideca-	tridecane
4	but-	butane	14	tetradeca-	tetradecane
5	penta-	pentane	15	pentadeca-	pentadecane
6	hexa-	hexane	16	hexadec-	hexadecane
7	hepta-	heptane	17	heptadec-	heptadecane
8	octa-	octane	18	octadec-	octadecane
9	nona-	nonane	19	nonadec-	nonadecane
10	deca-	decane	20	eicos-	eicosane(icosane)

The first four prefixes listed in Table 2-20 were chosen by the IUPAC because they were well established in the language of organic chemistry. In fact, they were established even before there were hints of the structural theory underlying the discipline, for example, the prefix but- appears in the name butyric acid, a compound of four carbon atoms present in butter fat (Latin butyrum, butter).

Roots to show five or more carbons are derived from Greek or Latin roots.

The IUPAC name of a substituted alkane consists of a parent name, which indicates the longest chain of carbon atoms in the compound, and substituent names, which indicate the groups attached to the parent chain.

A substituent group derived from an alkane is called an alkyl group. The letter R- is commonly used to show the presence of an alkyl group. Alkyl groups are named by dropping the -ane from the name of the parent alkane and adding the suffix -yl. For example, the alkyl substituent CH_3CH_2—is named ethyl.

$H_3C—CH_3$ $H_3C—CH_2—$

Ethane(parent hydrocarbon) ethyl group (an alkyl group)

Following are the rules of the IUPAC system for naming alkanes.

(1) The general name of a saturated hydrocarbon is alkane.

(2) For branched-chain hydrocarbon, the hydrocarbon derived from the longest chain of carbon atoms is taken as the parent chain, and the IUPAC name is derived from that of the parent chain.

(3) Group attached to the parent chain are called substituents. Each substituent is given a name and a number. The number shows the carbon atom of the parent chain to which the substituent is attached

(4) If the same substituent occurs more than once, the number of each carbon of the parent chain on which the substituent occurs is given. In addition, the number of times the subsituent group

occurs is indicated by a prefix di-, tri-, tetra-, penta-, and so on.

(5) If there is one substituent, the parent chain is numbered from the end that gives it the lower number. If there are two or more substituents, the parent chain is numbered from the end that gives the lower number to the substituent encountered first.

(6) If there are two or more different substituents, they are listed in alphabetical order. When listing substituents, the prefixes iso- and neo- are considered in alphabetizing. The prefixes *sec-* and *tert-* are ignored in alphabetizing substituents.

Further, the multiplying prefixes di-, tri-, tetra-, and so on are also ignored in alphabetizing substituents.

Alkenes

Alkanes have a single bond between the carbon atoms. Alkenes have a double bond (two bonds) between two of the carbon atoms ($C=C$).

Consider two carbon atoms connected by a double bond. Since this double bond uses four electrons from both carbons, a total of only four hydrogen atoms will satisfy all of the remaining bonds. Recall that a single bond represents a pair of shared electrons; a double bond represents two pairs of shared electrons. This compound thus becomes $CH_2=CH_2$ and has the molecular formula C_2H_4. It is called ethene.

When three carbon atoms are arranged in a chain with a double bond between two of the carbon atoms, $C=C-C$, how many hydrogen atoms must be connected to these carbon atoms in order to satisfy all of the bond requirements. The answer is six, and the structure becomes $CH_2=CH-CH_3$. The molecular formula is C_3H_6. The name of this compound is propene.

Note that the names of these compounds end in -ene. This is true of all alkenes. Notes that the names of these compounds are similar to those of the alkanes except for the ending, which is -ene instead of -ane.

Compare the structures of ethane (C_2H_6) and ethene (C_2H_4).

H_3C-CH_3 $H_2C=CH_2$

ethane ethene

The three-carbon alkane is propane, and the three-carbon alkene is propene. Likewise the four-carbon alkane is called butane, while the corresponding alkene is called butene.

The general formula for alkenes is C_nH_{2n}.

There are twice as many hydrogen atoms as carbon atoms in every alkene. Thus, octene has eight carbon atoms and 16 hydrogen atoms, and the formula of an alkene of 15 carbons atoms would be $C_{15}H_{30}$.

The vinyl group has the structure $H_2C=CH-$

Vinyl chloride is used in the manufacture of such products as floor tile(耐火砖), raincoats, fabrics, and furniture coverings. However, evidence has shown that several workers exposed to vinyl chloride during their work have died from a very rare form of liver cancer. In addition, exposure to vinyl chloride is suspected to be responsible for certain types of birth defects.

The structure of vinyl chloride is $H_2C=CHCl$.

Vinyl chloride is used in the manufacture of polyvinyl chloride (PVC), a plastic.

Note that 1-butene indicates a double bond starting at carbon number 1.

Similarly, $H_3C—CH=C(CH_3)_2$ is called 2-methyl-2-butene.

If an alkene contains two double bond, it is tailed a diene; a triene contains three double bonds.

1,3-butadiene is used in the manufacture of automobile tires, and leukotriene(白三烯) is involved in the body's allergic responses(过敏反应).

Alkynes

Consider two carton atoms connected by a triple bond ($—C\equiv C—$).

How many hydrogen atoms must be connected to these two carbon atoms to satisfy all the bond requirements? The answer is two, so the molecular formula of this compound is C_2H_2. This compound is called ethyne.

Ethyne is commonly called acetylene. However, this name is not preferred because the ending-ene denotes a double bond, whereas this compound actually has a triple bond between the carbon atoms.

If three carbon atoms are placed in a chain with a triple bond between two of them, $C\equiv C—C$, only four hydrogen atoms can be placed around these carbons to satisfy all the bonds. The compound then becomes $H—C\equiv C—CH_3$ with the molecular formula C_3H_4. This compound is called propyne.

These two compounds, ethyne and propyne, are alkynes. They have a triple bond between two of the carbon atoms. All their names end in -yne. The general formula for alkynes is C_nH_{2n-2}. Thus hexyne, which has six carbon atoms, has the formula C_6H_{10}. Likewise, octyne has the molecular formula C_8H_{14}.

Alkynes are relatively rare compounds and do not normally occur in the human body. As with alkenes, alkynes are named with the triple bond having the smallest number.

$CH_3—C\equiv C—CH(CH_3)—CH_2—CH_3$, 4-methyl-2-hexyne

Vocabularies

alkyl	*n.*	烷基，烃基
	adj.	烷基的，烃基的
alphabetize	*v.*	依字母顺序排列，以字母表示
butyrum	*n.*	(拉)酪，奶油，乳脂
polyvinyl	*adj.*	乙烯聚合物的
substituent	*n.*	取代
	adj.	取代的
structural	*adj.*	结构(上)的
structural formula		结构式
vinyl	*n.*	乙烯基

Words study

1. 烃是有机物的母体，按照饱和程度分为饱和烃：烷烃(alkanes)，不饱和烃：烯烃(alkenes)和炔烃(alkynes)；按照链连接方式分为链属烃和环状烃，链属烃有直链(unbranched chain)烃和支链(branched chain)烃，环烃(cyclic hydrocarbons)有脂肪环烃(alicyclic hydrocarbons)、桥环(bridged-)和螺环(spiro-)烃。当所带的双键或叁键不止一个时，可在“ene”或“yne”前边加上 di、tri、tetra 等数字来表示不饱和键数目。这些英文构词特征及例词分述如下。

2. 烃类化合物的命名是有机物命名的基础。英文名称除了含1~4个碳原子以外，其余均用希腊文或拉丁文的数词加上相应的词尾(-ane)来命名，10个碳原子以上的则在数词前加前缀 un、do、tri、tetra、penta 等，20个碳原子以上的以-cosane 结尾，30~90个碳原子的以-contane 结尾。命名烷基时，只需把烷的词尾“ane”换为“yl”即可，但命名不饱和烃基时，需要把烯烃词尾“ene”或炔烃词尾“yne”的“e”去掉换成“yl”，并标出不饱和键的位置。1~20碳的直链烷烃英文名称见 Table 2-20，21~100碳的直链烷烃英文名称见表 2-21，支链烃中常见取代基的名称、结构及代表见表 2-22。

表 2-21　21~100 碳的直链烷烃英文名称

碳数	烷烃名称	碳数	烷烃名称	碳数	烷烃名称
21	heni**cosane**	31	hentria**contane**	50	pentacontane
22	do**cosane**	32	dotria**contane**	60	hexacontane
23	tri**cosane**	33	tritria**contane**	70	heptacontane
24	tetra**cosane**	34	tetratria**contane**	80	octacontane
25	penta**cosane**	35	pentatria**contane**	90	nonacontane
40	tetra**contane**	36	hexatria**contane**	100	hectane

表 2-22　支链中常见取代基的名称、结构及代表

基	中文	结构	基	中文	结构
meth**yl**	甲基	$CH_3—$	isobut**yl**	异丁基	$(CH_3)_2CH—CH—$
eth**yl**	乙基	$CH_3CH_2—$	*sec*-but**yl**	仲丁基	$CH_3—CH_2—CH(CH_3)—$
prop**yl**	丙基	$CH_3CH_2CH_2—$	*tert*-but**yl**	叔丁基	$(CH_3)_3C—$
but**yl**	丁基	$CH_3(CH_2)_2CH_2—$	*tert*-pent**yl**	叔戊基	$CH_3—CH_2—C(CH_3)_2—$
pent**yl**	戊基	$CH_3(CH_2)_3CH_2—$	neopent**yl**	新戊基	$(CH_3)_3C—CH_2—$
1-propen**yl**	1-丙烯基	$CH_3—CH=CH—$	isopropen**yl**	异丙烯基	$CH_2=C(CH_3)—$
1,3-butadien**yl**	1,3-二烯基	$CH_2=CH—CH=CH—$	vin**yl**	乙烯基	$CH_2=CH—$
2-propyn**yl**	2-丙炔基	$CH≡C—CH_2—$	all**yl**	烯丙基	$CH_2=CH—CH_2—$

3. 在多价基的命名中，二价基词尾为“-diyl”或“-ylidene (ylene)”，三价基词尾为“-triyl”“-ylidyne”或“-ylylidene”，四价基词尾有“-tetrayl”“-ylylidyne”或“-diylylidene”。两个自由价在同一个碳原子上称为“亚”，英文词尾为“-ylidene”；两个自由价不在同一个碳原子

上也称“亚”，但需要标出定位号；三个自由价在同一个碳原子上的称为次基，英文词尾“-ylidyne”。常见例词及结构见表 2-23。

表 2-23　常见多价基的英文名称及结构

同碳二价基	结构	异碳二价基	结构	三价基	结构
methylene	$CH_2=$	methylene	$-CH_2-$	methylidyne	$CH\equiv$
ethylidene	$CH_3CH=$	ethylene	$-CH_2-CH_2-$	ethylidyne	$CH_3-C\equiv$
isopropylidene	$(CH_3)_2C=$	trimethylene	$-CH_2CH_2CH_2-$		
vinylidene	$CH_2=CH=$	tetramethylene	$-CH_2(CH_2)_2CH_2-$		

4. 未取代的饱和单环烃命名时在相应开链烃名前加“cyclo”表示“环”；环上带有侧链时，如侧链的碳原子数不比环内的碳原子数多，侧链作为取代基；如侧链的碳原子数目等于或多于环内碳原子数，或侧链有不止一个脂环时，则将环作为取代基命名；不饱和单环烃的命名是把相应的饱和单环烃的词尾 ane 改为 ene(烯)、yne(炔)、adiene(二烯)、adiyne(二炔)、enyne(烯炔)等，并使不饱和键尽可能取最小编号。

桥环烃(bridged hydrocarbons)的命名需在最前面，标出环数，如 bicyclo(双环)，tricyclo(三环)，在最后面写出相当于桥环烃所有环上碳原子总数的直链烃名，在中间的方括号内标明各个环中的除桥头原子以外的碳原子数目，标明主桥及次桥，并按照次桥位置应尽可能小原则用上标表明次桥位置。

螺环烃(spiro-hydrocarbons)的命名是在与总碳原子数目相应的烃名前加螺(Spiro)，中间加一方括号，将各环内螺原子以外的原子数由小到大排列在方括号内，数字之间用圆点分开，编号时从小环一端与螺原子相邻的碳原子开始沿环依次进行，待螺原子编完后再编另一环。分子中有两个或三个螺原子时，则用 bispiro(二螺)或 trispiro(三螺)表示。典型环烃的中英文名称及结构见表 2-24 。

表 2-24　典型环烃的中英文名称及结构

英　　文	中　　文	结　　构
cyclohexane	环己烷	
1-ethyl-3-methylcyclopentane	3-甲基-1-乙基-环戊烷	
5-methylene-1,3-cyclopentadiene	5-亚甲基-1,3-环戊二烯	CH_2
tricyclo[3. 3. 1. $1^{3,7}$]decane	三环[3. 3. 1. $1^{3,7}$]癸烷	

5. 芳烃(aromatic hydrocarbons)中苯环上连有烃基时，苯环和烃基都可作为母体，决定于烃基的大小。两个或更多的苯环连在同一个碳原子上或碳链上时，可将苯环作为取代基命名；两个烷基取代的苯环，因为取代位置不同的三个异构体，由阿拉伯数字表示，也可分别用 *o*、*m*、*p* 表示邻、间、对。苯环上连有不饱和取代基时，将苯环作为链的衍生物命名，但当不饱和链不超过三个碳原子时，通常都作为苯的衍生物命名。苯环上连有三个取代基

时，由于它们的位置不同而常用数字定位号区别，取代基若是相同，可用“连”(vic)、“偏”(unsym)、“均”(sym)来表示。典型芳烃的中英文名称及结构见表 2-25，常见取代苯化合物俗名（trivial name)及结构见表 2-26。

6. 芳环上去掉一个氢原子得到的基团称为芳基(aryl)，去掉两个氢原子的称为亚芳基(arylene)。环上有取代基时，以苯基作为母体，以带自由键的碳原子为 1 进行编号，其他取代基的编号要尽可能小；单环芳烃侧链上去掉氢原子，生成的一价及多价基作为芳烃基取代的链烃基，按链烃基的原则命名。常见芳基的中英文名称及结构见表 2-27。

表 2-25　典型芳烃的中英文名称及结构

英　文	中　文	结　构
1-phenylheptane	1-苯基-庚烷	C_6H_5—$CH_2CH_2CH_2CH_2CH_2CH_2CH_3$
2-phenyl-2-butene	2-苯基-2-丁烯	C_6H_5—C(=CHCH$_3$)—CH$_3$
isopropenylbenzene	异丙烯基苯	C_6H_5—C(=CH$_2$)—CH$_3$
o-dimethylbenzene	邻二甲苯	CH$_3$, CH$_3$
p-tert-butyltoluene	对叔丁基甲苯	CH$_3$, C(CH$_3$)$_3$
1,2,3-trimethylbenzene or vic-trimethylbenzene	1,2,3-三甲基苯 或 连三甲苯	H$_3$C, CH$_3$, CH$_3$
1,3,5-triethylbenzene or sym-triethylbenzene	1,3,5-三乙基苯 或 均三乙苯	H$_3$CH$_2$C, CH$_2$CH$_3$, CH$_2$CH$_3$

表 2-26　常见取代苯化合物俗名（trivial name)及结构

英文俗名	toluene	*p*-xylene	cumene	cymene	styrene	mesitylene
中文	甲苯	对二甲苯	异丙苯	甲基-异丙基苯	苯乙烯	均三甲苯
结构	—CH$_3$	H$_3$C— —CH$_3$	CH(CH$_3$)$_2$	CH$_3$, CH(CH$_3$)$_2$	CH=CH$_2$	CH$_3$, H$_3$C, CH$_3$

表 2-27 常见芳基的中英文名称及结构

英 文	中 文	结 构
phenyl	苯基	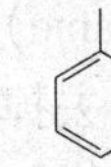
benzyl	苄基	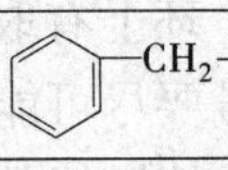 CH_2—
tolyl	甲苯基	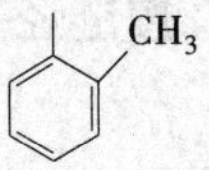 CH_3
mesityl	均三甲苯基	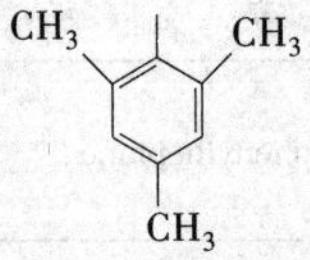 CH_3 CH_3 CH_3
phenethyl	苯乙基	Ph—CH_2—CH_2—
styryl	苯乙烯基	Ph—CH ═CH—
cinnamyl	肉桂基	Ph—CH ═CH—CH—
2-methylphenyl	2-甲基苯基	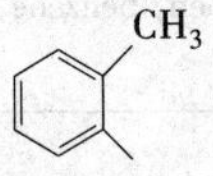 CH_3
1,3-phenylene	1,3-亚苯基	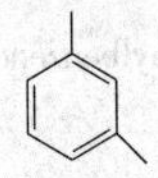
2-methyl-1,4,5-benzenetriyl	2-甲基-1,4,5-苯三基	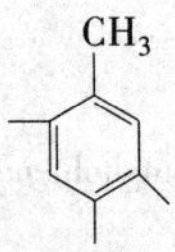 CH_3
3-phenyl-2-propenyl	3-苯基-2-丙烯基	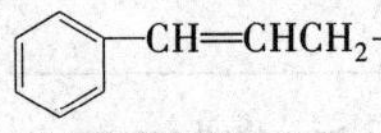 —CH═CHCH$_2$—
phenylmethylene	苯基亚甲基	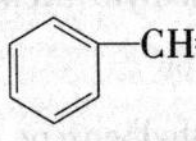 —CH═
phenylmethylidyne	苯基次甲基	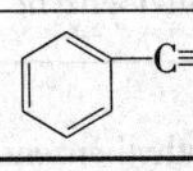 —C≡

2.5 Alcohols, Phenols and Ethers 醇、酚和醚

Alcohols

The IUPAC system is generally adopted for most alcohols, although common names, which are afforded by stating the name of the appropriate alkyl group followed by the word "alcohol", are still sometimes used for the simpler compounds, e. g. methyl alcohol, isopropyl alcohol, benzyl alcohol etc.

The IUPAC names are afforded by dropping "e" of the ending "-ane" of the corresponding alkane and replacing it with the suffix "-ol". The position of the hydroxyl group in the carbon chain is specified by inserting the appropriate number in the front of the names.

Formula	IUPAC name	Common name
CH_3OH	methanol	methyl alcohol
CH_3CH_2OH	ethanol	ethyl alcohol
$CH_3CH_2CH_2OH$	1-propanol	*n*-propyl alcohol
$CH_3CH(OH)CH_3$	2-propanol	isopropyl alcohol
$CH_3COH(CH_3)_2$	2-methyl-2-propanol	*tert*-butyl alcohol
$C_6H_5CH_2OH$	phenylmethanol	benzyl alcohol
$C_6H_5CH_2CH_2OH$	2-phenylethanol	phenylethyl alcohol

Phenols

Phenols are compounds containing a hydroxyl group attached directly to an aromatic nucleus and have a general formula ArOH. Like alcohols they may be monohydric or polyhydric according to the number of hydroxyl groups that they contain. The simplest and most important member of this family of compounds is phenol itself.

Ethers

The common system specifies the alkyl and /or aryl groups attached to the oxygen atom followed by the word "ether". Certain alkyl aryl ethers are afforded names which gives no indication as to the structure, e. g. anisole (methoxybenzene) and phenetole (ethoxybenzene).

The IUPAC system regards them as a alkoxy derivatives of alkanes or of the aryl nucleus.

Formula	IUPAC name	Common name
CH_3OCH_3	methoxymethane	dimethyl ether
$CH_3OCH_2CH_3$	methoxyethane	ethyl methyl ether
$CH_3CH_2OCH_2CH_3$	ethoxyethane	diethyl ether
$C_6H_5OCH_3$	methoxybenzene	methyl phenyl ether or anisole
$C_6H_5OCH_2CH_3$	ethoxybenzene	ethyl phenyl ether or phenetole
$C_6H_5OC_6H_5$	phenoxybenzene	diphenyl ether

Alcohols are characterized by the presence of OH (hydroxyl group) attached to a carbon atom. Aliphatic alcohols may be considered to be derived from hydrocarbons in which an sp^3 bonded hydrogen atom has been replaced with OH:

R—H (Alkane)　　　　R—OH (Alcohol)

They may also be considered as derivatives of water in which one of the hydrogen has been replaced with an alkyl group, R—.

H—O—H (Water)　　　　R—O—H (Alcohol)

Since hydrocarbons may contain primary, secondary, or tertiary hydrogen, the same classes of alcohols are capable of existence. The following examples illustrate the typical members of each class:

CH_3CH_2OH	$(CH_3)_2CHOH$	$(CH_3)_3COH$
1° Alcohol	2° Alcohol	3° Alcohol
(ethyl alcohol)	(isopropyl alcohol)	(*t*-butyl alcohol)

2.5.1 Oxidation Reaction of C—H Bond

Alcohols may be considered to be the first product of oxidation of the alkane in the oxidation scheme, which eventually produces carbon dioxide and water. Alcohols might be expected to be subject to further oxidation. This has been found to be the case as long as a hydrogen atom [α-hydrogen] remains bonded to the carbon atom which has already been partially oxidized. The following equations illustrate the structural changes which occur; it should be emphasized that they do not illustrate the mechanistic steps of the reactions [(1) and (2)].

$$\underset{1°\text{alcohol}}{CH_3CH_2OH} \xrightarrow{[O]} \underset{\text{unstable intermediate}}{\left[CH_3CH(OH)_2\right]} \xrightarrow{-H_2O} \underset{\text{aldehyde}}{CH_3\overset{O}{\overset{\|}{C}}—H} \xrightarrow{[O]} \underset{\text{carboxylic acid}}{CH_3\overset{O}{\overset{\|}{C}}—OH} \qquad (1)$$

$$\underset{2°\text{alcohol}}{CH_3CH(OH)CH_3} \xrightarrow{[O]} \underset{\text{unstable intermediate}}{CH_3C(OH)_2CH_3} \xrightarrow{-H_2O} \underset{\text{ketone}}{CH_3\overset{O}{\overset{\|}{C}}CH_3} \qquad (2)$$

The above reaction involve the C—H bond. Since 3° alcohol have no α-hydrogen atom bonded to the partially oxidized carbon atom, they resistant to further.

2.5.2 Reaction of O—H Bond

The proton bonded to oxygen of an alcohol is much more acidic than protons bonded to carbon. This difference can be readily accounted for on the greater electronegativity of oxygen, which polarizes the O—H bond. The hydrogen on oxygen is replaceable by sodium for example (3).

$$2RCH_2OH+2Na \longrightarrow 2RCH_2O^-Na^++H_2 \qquad (3)$$

This reaction is analogous to the liberation of hydrogen by reaction of an acid and a metal. The order of reactivity of alcohols in this reaction is : 1° >2° >3° .

The reasonfor this order of reactivity is believed to be the result of the inductive effects of alkyl groups. Utilizing the relative electronegativity value of 2.1 for hydrogen and 2.5 for carbon, the H—C may be represented as follows: $H^{\delta+} \rightarrow C^{\delta-}$. Thus, the larger the number of such bonds, as in the *t*-butyl group, the greater the combined electron release effect would be expected. As the combined electron release effect increases, the greater the destabilizing effect on the alkoxide anion, which thus accounts for the observed order of reactivity: 1°>2°>3°.

2.5.3 Reaction of C—O Bond

$$RCH_2OH+HCl \longrightarrow RCH_2Cl+H_2O \qquad (4)$$

The reaction above can be considered as acid-base reaction between the acidic proton of HCl and the alcohol as the base to form the oxonium salt as an intermediate: $[RCH_2OH_2]^+Cl^-$. This intermediate may lose water and may form the carbonium ion intermediate, RCH_2^+, which combines with Cl^- to form the observed products.

The order of reactivity of alcohol in this reaction in polar solvents is: 3°>2°>1°. The reason for this order of reactivity is believed to be the result of increased stabilities of the transition states in the same order for each of these class of alcohols and also greater stabilization of the reactive intermediates in the same order as well. The reactive intermediates are believed to be carbonium ions.

$$\underset{\text{methyl}}{CH_3^+} < \underset{\text{primary}}{CH_3CH_2^+} < \underset{\text{secondary}}{(CH_3)_2CH^+} < \underset{\text{tertiary}}{(CH_3)_3C^+}$$

carbonium ions

2.5.4 Internal Elimination of Water Dehydration

At elevated temperatures, alcohol undergo dehydration when passed over alumina Al_2O_3 to produce alkene:

$$RCH_2CH_2OH \xrightarrow[200\sim250℃]{Al_2O_3} RCH{=}CH_2 + H_2O \tag{5}$$

This reaction is believed to proceed according to a Lewis acid-Lewis base interaction in which the aluminum atom with its vacant orbital plays the role of the acid and the alcohol the role of the base, $RCH_2CH_2\overset{H_+}{\ddot{O}}{:}Al^-$ which generates the carbonium ion intermediate, $RCH_2C^+H_2$.

The carbonium ion is unstable and undergoes elimination of a proton to produce the alkene:

$$RCH_2{-}C^+H_2 \longrightarrow RCH{=}CH_2 + H^+$$

Since most alkene can readily be hydrogenated to the corresponding alkane, this series of reactions provides a method for conversion of an alcohol to the corresponding alkane. Another method, which accomplishes the same objective, involves conversion of the alcohol to the alkyl halide followed by conversion of the alkyl halide to the Grignard reagent, which can be hydrolyzed by water to the alkane. Both methods result in a reduction of the alcohol to the corresponding alkane.

Vocabularies

aliphatic	*adj.*	脂肪族的，脂肪质的
alumina	*n.*	氧化铝，铝土
alkyl	*n. & adj.*	烷基(的)，烃基(的)
alkoxy	*adj.*	烷氧基的
aryl	*n. & adj.*	芳基(的)
anisole	*n.*	茴香醚，苯甲醚
benzyl	*n.*	苯甲基(即苄基)
carbonium	*n.*	带正电的有机碳离子
dehydration	*n.*	脱水
electronegativity	*n.*	电负性

ethoxybenzene	*n.*	乙氧基苯，苯乙醚
ethoxyethane	*n.*	乙氧基乙烷，乙醚
isopropyl	*n.*	异丙基
methoxy	*adj.*	含甲氧基的
halide	*n. & adj.*	卤化物(的)
hydroxyl	*n.*	氢氧基，羟基
monohydric	*adj.*	一羟基的
polyhydric	*adj.*	多羟(基)的
phenol	*n.*	酚类
phenetole	*n.*	苯乙醚(一种挥发性芳香液体)
reactivity	*n.*	反应性
stability	*n.*	稳定(性)

Words study

1. 有机化合物有非官能团化合物(nonfunctional compounds)和官能团化合物(functional compounds)；前者包括烃类：烷烃(alkanes)、烯烃(alkenes)和炔烃(alkynes)，单环化合物(monocyclic compounds)。后者主要类型特征词尾的中英文对照见表 2-28。

表 2-28　有机官能团的中英文对照

英文	中文	英文	中文
alcohol/phenol	醇/酚	carboxylic acid	羧酸
ether	醚	carboxylic anhydride	酸酐
ester	酯	lactone and lactam	内酯和内酰胺
aldehyde	醛	acetal and ketal	缩醛和缩酮
ketone	酮	hydrazine/hydrazone/hydrazide	肼/腙/酰肼
thiol	硫醇	acyl halide	酰卤
sulfide	硫化物	sulfone/sulfoxide	砜/亚砜
amine/amide	胺/酰胺	epoxide	环氧化合物
imine/imide	亚胺/亚酰胺	acid peroxide	过氧酸
-yloxy	烷氧	-anol/-anal/-anone	醇/醛/酮
nitrile	腈	azide/cene	叠氮化合物/并苯(链式)

2. 有机化合物的命名方法有系统命名法 IUPAC names (systematic names) 和俗名法 trivial names (popular names)。系统命名即 IUPAC(International Union of Pure and Applied Chemistry，国际理论和应用化学联合会)制定的命名规则。在 IUPAC 系统中，首先选择主要的官能团。系统命名是以骨架名称加上主要官能团的词尾，再在前面加上取代基的字头和定位号。

在规定的官能团顺序中，位置在前的官能团优先，可作为主要的官能团，其余的作为取代基。为便于记忆，按顺序列出，见表 2-29。

表 2-29　IUPAC 规定的官能团顺序表

顺序	官能团名称	顺序	官能团名称
1	游离基	15	N 元素有机化合物
2	阳离子化合物	16	P 元素有机化合物
3	中性配位化合物	17	As 元素有机化合物
4	阴离子化合物	18	Sb 元素有机化合物
5	酸	19	Bi 元素有机化合物
6	酰卤	20	B 元素有机化合物
7	酰胺	21	Si 元素有机化合物
8	腈	22	Ge 元素有机化合物
9	醛(硫醛)	23	Sn 元素有机化合物
10	酮(硫酮)	24	Pb 元素有机化合物
11	醇/硫醇、酚/硫酚	25	O 元素有机化合物
12	过氧化物	26	S 元素有机化合物
13	胺	27	碳环化合物及无环烃类
14	亚胺	28	卤化物中的卤素

3. 醇、酚、醚(alcohol，phenol，ether)的系统命名：是在相应的烃名称后，去“e”加“ol”，即去掉烃名称 alkane、alkene、alkyne 最后字母“e”，加上后缀 “ol”(指代羟基)，并用尽可能小的编号数字指明羟基位置；多羟基醇则用“-diol”、“-triol”或“-tetraol”(在很多情况下不去“e”)指出羟基个数。当羟基位于侧链时，侧链上的羟基作取代基处理，取代基形式的羟基用“hydroxy-”表示。硫醇-thiols(-SH)则在烷烃名称 alkane 加上后缀“thiol”或“alkyl + mercaptan”。醚的系统命名：将较简单的烷类与氧原子一起作为取代基，长碳链作为主链命名；烷氧基名称：烷基字头 + “oxy”；醚的俗名法是按字母顺序列出和氧原子相连的两个烷基+“ether”。环醚：以烃基为母体，在前面加上“epoxy”，规则：epoxy+烷烃名称，并且标出与氧原子相连的碳原子编号。冠醚(crown ethers)规则：碳原子个数+crown+氧原子个数。硫醚的俗名是按照字母顺序列出和硫原子相连的两个烷基+ sulfide。

典型醇、醚化合物的中英文名称及结构见表 2-30。

表 2-30　典型醇、酚、醚化合物的中英文名称及结构

英　文	中　文	结　构
2-methyl-2-propanol(2-methyl-propan-2-ol)	2-甲基-2-丙醇	$CH_3\overset{CH_3}{\underset{CH_3}{C}}OH$
2-ethyl-2-buten-1-ol (2-ethyl-but-2-en-1-ol)	2-乙基-2-丁烯-1-醇	$CH_3CH{=}\underset{CH_2CH_3}{C}CH_2OH$
1,2-ethandiol(ethan-1,2-diol)	1,2-乙二醇	$HO—CH_2CH_2—OH$
1,2,3-propanetriol(glycerin)	1,2,3-丙三醇 (甘油)	$\underset{OH}{CH_2}\underset{OH}{CH}\underset{OH}{CH_2}$

续表

英　文	中　文	结　构
2-hydroxy-1-cyclohexane carboxylic acid	2-羟基-1-环己烷羧酸	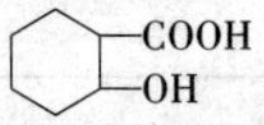 COOH, OH
1,4-benzenediol	1,4-苯二酚	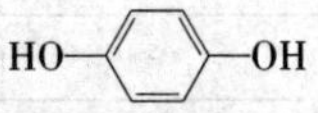 HO–⟨⟩–OH
methoxy benzene	甲基苯基醚	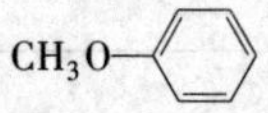 CH_3O–⟨⟩
cyclohexoxy benzene (cyclohexoxy phenyl ether)	环己基苯基醚 * 苯氧基：phenoxy； 苄氧基：benzyloxy	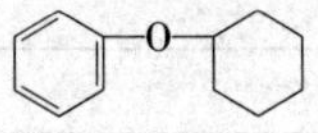 O
1,4-epoxybutane tetramethylene oxide (tetrahydrofuran)	1,4-环氧丁烷 四亚甲基氧化物 (THF，四氢呋喃)	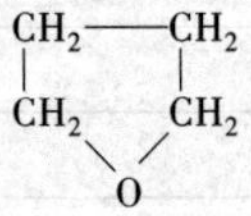 CH_2—CH_2, CH_2, CH_2, O
12-crown-6	12-冠-6	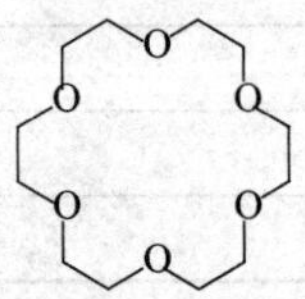 O, O, O, O, O, O
ethanethiol	乙硫醇	CH_3CH_2SH
sec-butyl methyl sulfide	仲丁基甲基硫醚	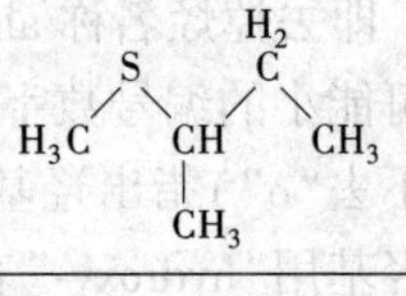 H_2C, S, H_3C, CH, CH_3, CH_3
p-(ethylthio) benzoic acid	对-乙巯基苯甲酸	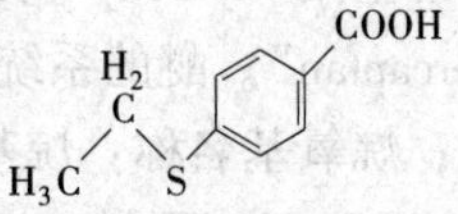 COOH, H_2C, H_3C, S

2.6　Aldehydes and Ketones 醛和酮

The ability of the carbonyl group C ═O to combine not only with a large variety of carbon frameworks but also with heteroatoms and heteroatom groups results in the proliferation of carbonyl compounds throughout the organic chemical world. The carbonyl group is present in many substances of biological and commercial importance, and carbonyl compounds provide the essential ingredients for a large number of organic syntheses. The chemistry of carbonyl compounds, therefore, occupies a central place in the study of organic chemistry.

Carbonyl compounds, represented by the general structure (G—CO—G′) $\begin{matrix} G \\ | \\ C{=}O \\ | \\ G' \end{matrix}$ are conveniently classified on the basis of the type of groups (i. e. , G and G′) that are attached to the carbonyl function. The attached groups are classified as follows:

① Type A groups: Hydrogen or organic frameworks in which the carbon attached to the C=O is sp^3-hybridized. This includes H— and alkyl groups, such as CH_3—, CH_3CH_2—, $(CH_3)_3C$—, and substituted alkyl groups, such as $C_6H_5CH_2$—, Cl_3C—, $HOCH_2CH_2$—, etc.

② Type B and B′ groups: Organic frameworks to which the carbon attached to the C=O is sp^2-or sp-hybridized. If the attached group is C=C— or C≡C—, it is designated as a type B group; if it is an aryl ring it is classed as a type B′ group.

③ Type C groups: Groups other than carbon or hydrogen. This includes halogen, —OH, —NH, etc.

Various combination of the attached groups G and G′ lead to all the known types of carbonyl compounds.

The present article is concerned only with those compounds in which the G groups are hydrogen, alkyl functions (type A group), and alkenyl, alkynyl, or aryl function (type B and B′ groups), these combinations representing aldehydes and ketones (i. e., type AA, AB, and BB′ ketones).

As a result of polarization of the carbonyl group $C{=}O \longleftrightarrow C^+{=}O^-$, aldehydes and ketones have a marked tendency to add nucleophilic species (Lewis base) to the carbonyl carbon, followed by the addition of an electrophilic species (Lewis acids) to carbonyl oxygen: the reactions are classed as 1,2-nucleophilic addition.

$$>C{=}O + Nu^- \rightleftharpoons >C(O^-)(Nu) \overset{E^+}{\rightleftharpoons} >C(O{-}E)(Nu)$$

The position of the overall equilibrium is dependent on the nucleophilic: the stronger is the nucleophile, the farther the reaction proceeds to completion. Thus, certain carbon nucleophiles add so efficiently that for all practical purposes, the reactions are irreversible, whereas halogen nucleophiles add so inefficiently that, for all practical purpose, the reactions don't proceed at all.

(1) 1,2-Nucleophilic Addition Reaction Involving Carbon Nucleophiles

A variety of compounds can act as carbon nucleophiles in addition reactions with carbonyl functions to form new carbon-carbon bonds. Included among these are hydrogen cyanide, acetylides (e. g., HC≡CNa), Grignard reagents (e. g., C_6H_5MgBr) and various other organometallic reagents (i. e., CH_3Li). Illustrative example involving these reagents are shown in Figure 2-2.

Reactions of this type provide useful intermediates in synthesis sequences and the reader who takes time out at this point to consider the ramifications that are possible with various combinations of aldehydes, ketones, and carbon nucleophiles is ready to play the game of "paper synthesis".

(2) 1,2-Nucleophilic Addition Reaction Involving Nitrogen Nucleophiles

Nitrogen nucleophiles add to carbonyl groups much less effectively than carbon nucleophiles, and the equilibrium constants are generally unfavorable to the formation of α-hydroxylamines. When primary amines add to the carbonyl groups, however, the α-hydroxylamines that are formed can lose water to form amines, the equilibrium constant for the dehydration step often being sufficiently large that the overall equilibrium constant is favorable for product formation. Particularly useful amines in this respect are phenylhydrazine, 2,4-dinitrophenylhydrazine, semicarbazide, and hy-

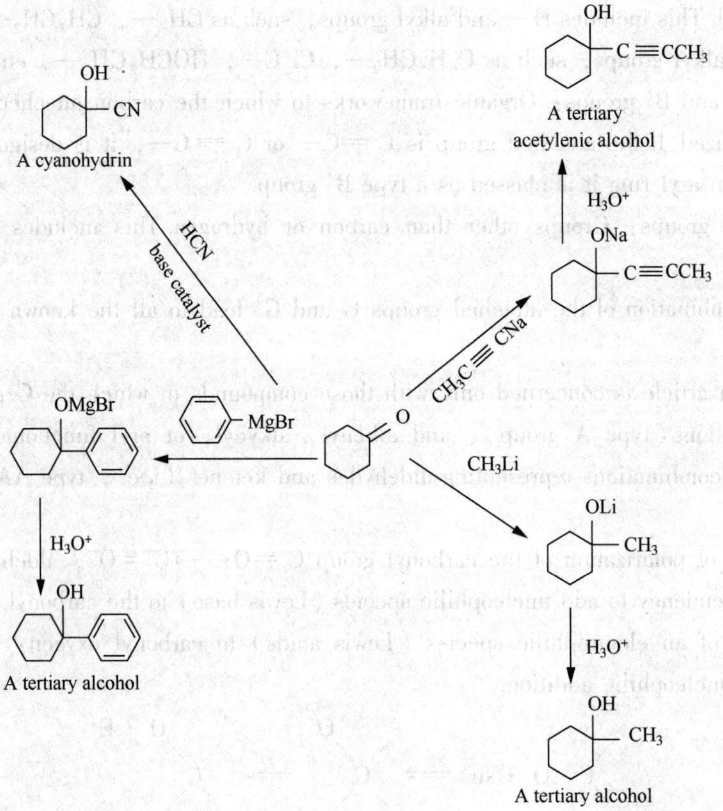

Figure 2-2 Reaction of Cyclohexanone with Carbon Nucleophiles

droxylamine (for structures, see Figure 2-3). Phenylhydrazine, for example, reacts with acetone to form the phenylhydrazine of acetone.

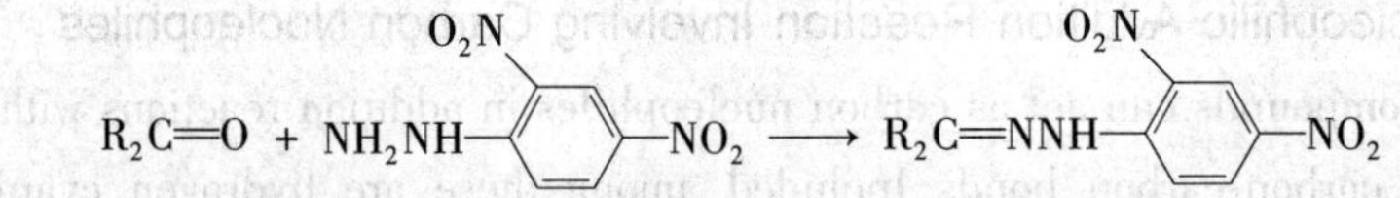

$$R_2C{=}O + NH_2NH{-}C_6H_3(O_2N){-}NO_2 \longrightarrow R_2C{=}NNH{-}C_6H_3(O_2N){-}NO_2$$

$$R_2C{=}O + NH_2NHCONH_2 \longrightarrow R_2C{=}NNHCONH_2$$

$$R_2C{=}O + NH_2OH \longrightarrow R_2C{=}NOH$$

Figure 2-3 2,4-Dinitrophenylhydrazine, Semicarbazide, and Oxime Derivatives of Aldehyde and Ketones

The overall reaction is "pulled" essentially to completion, permitting the product to be isolated in good yield as a bright yellow, crystalline, high-melting, readily crystalized solid. These characteristics make "derivatives" of this sort valuable, for they are pure compounds that have retained the carbon framework of the original aldehyde or ketone, possess melting points which can be compared with those of known compounds and can be converted back to the original aldehyde or ketone by hydrolysis. In similar fashions, 2,4-dinitrophenylhydrazine, semicarbazide, and hydroxylamine react with aldehyde and ketone to give 2,4-dinitrophenylhydrazone, semicarbazone, and oximes, respectively.

Vocabularies

acetone	*n.*	丙酮
acetyl	*n.*	乙酰基(CH_3CO—)
acetylene	*n.*	乙炔
acetylide	*n.*	乙炔化合物
acetylenic	*adj.*	乙炔的，炔属的
aldehyde	*n.*	醛
alkenyl	*n.*	烯基
alkynyl	*n.*	炔基
alkyl	*n.* & *adj.*	烷基(的)，烃基(的)
aryl	*n.* & *adj.*	芳基(的)
alkoxy	*adj.*	烷氧基的
amine	*n.*	胺
carbonyl	*n.*	碳酰基，羰基
cyanide	*n.*	氰化物；*vt.* 用氰化法处理
cyanohydrin	*n.*	氰
crystal	*n.*	结晶(体)；晶体
crystalline	*adj.*	结晶(体)的；晶状的
crystalize	*v.*	结晶
electrophilic	*adj.*	亲电子的
Grignard		格林尼亚(法国化学家，曾获1912年诺贝尔化学奖)
hybridize	*v.*	(使)杂化
hydrazine	*n.*	肼，联氨
hydrazone	*n.*	腙
hydrolysis	*n.*	水解
ketone	*n.*	酮
nitro	*n.* & *adj.*	硝化甘油；含硝基的
nucleophiles	*n.*	亲核物质
oxime	*n.*	肟
semicarbazide	*n.*	氨基脲
semicarbazone	*n.*	缩氨基脲，半卡巴腙
tertiary	*adj.*	第三的，叔的

Words study

醛、酮(Aldehyde，Ketone)的英文名词构词规律醛系统命名法：去掉烷烃名字的最后一个字母"e"，加后缀"al"或者"carb(ox) aldehyde"，醛基作为取代基时写为：formyl-(甲酰基)。

酮系统命名法：去掉烷烃名字的最后一个字母"e"，加上后缀"one"，羰基（C═O）作取代基(substitute)时，写为：oxo-(羰基)。

典型醛酮化合物的系统命名和俗名中英文对照及其结构见表2-31。

表2-31 典型醛酮化合物的系统命名和俗名中英文对照及结构

英文	中文	结构式
methanal or methyl aldehyde	甲醛(formaldehyde 蚁醛)	HCHO
benzaldehyde	苯甲醛	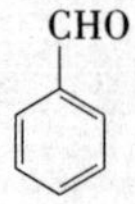 C_6H_5CHO
2-methyl propanal	2-甲基丙醛	$CH_3CH(CH_3)CHO$
(4-formyl phenyl)acetic acid	(4-甲酰基苯基)乙酸	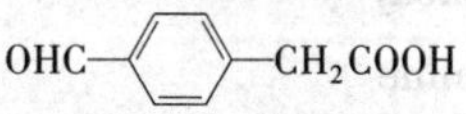 $OHC-C_6H_4-CH_2COOH$
2-pentanone methyl propyl ketone	2-戊酮 甲基丙基酮	$CH_3C(=O)CH_2CH_2CH_3$
propanone dimethyl ketone	丙酮 (二甲基酮)	$CH_3C(=O)CH_3$

2.7 Derivatives of Carboxylic Acids 羧酸衍生物

Acid halides, acid anhydrides, esters, and amides are all functional derivatives of carboxylic acids. A general formula for the characteristic structural feature of each of these derivatives is RCOX (acid halide), RCOOCOR (acid anhydride), RCOOR (ester) and $RCONH_2$ (amide).

One way to relate the structural formulas of these functional groups to the structural formula of a carboxylic acid is to imagine a reaction in which —OH from the carboxyl and —H from a mineral acid, a carboxylic acid, an alcohol, or an amine is removed as water and the remaining atoms are joined in the following ways:

$$CH_3COOH+HCl \longrightarrow H_3COCl+H_2O$$

$$CH_3COOH+HO—COCH_3 \longrightarrow CH_3COOCOCH_3+H_2O$$

$$CH_3COOH+H—O—CH_3 \longrightarrow CH_3COOCH_3+H_2O$$

$$CH_3COOH+H—NH_2 \longrightarrow CH_3—CO—NH_2+H_2O$$

These equations are shown only to illustrate the relationship between a carboxylic acid and the four functional derivatives of it that we will study. They are not meant to illustrate methods for the synthesis of these functional groups.

Acid Halides

The characteristic structural feature of an acid halide is the presence of an—CO—X group, where—X is a halogen, F, Cl, Br, or I. Acid halides are named as derivatives of carboxylic acids by replacing the suffix -ic acid by -y1, and adding the name of the halide. Following are names and structural formulas for two acid halides.

CH_3COCl [ethanoyl chloride(acetyl chloride)]

C_6H_5COBr (benzoyl bromide)

Of the acid halides, acid chlorides are the more commonly prepared and used in both the laboratory and in industrial organic chemistry.

Acid chlorides are most often prepared by the reaction of a carboxylic acid with either thionyl chloride or phosphorus pentachloride in much the same way that alkyl chlorides are prepared from alcohols.

Of the four functional derivatives of carboxylic acids we will discuss, acid halides are the most reactive. They react readily with water to form carboxylic acids, with alcohols and phenols to form esters, and with ammonia and primary and secondary amines to form amides.

$$CH_3COOH + ClSOCl \longrightarrow CH_3COCl + HCl + SO_2$$

$$C_6H_5COOH + PCl_5 \longrightarrow C_6H_5COCl + POCl_3 + HCl$$

(1) Reaction with Water

Reaction of an acid chloride with water regenerates the parent carboxylic acid.

$$CH_3COCl + H_2O \longrightarrow CH_3COOH + HCl$$

Acetyl chloride and other low-molecular-weight acid halides react so readily with water that they must be protected from atmospheric moisture during storage.

(2) Reaction with Alcohols

Acid chlorides react with alcohols and phenols to give esters. Such reactions are most often carried out in the presence of an organic base such as pyridine, which both catalyzes the reaction and neutralizes the HCl formed as a byproduct.

$$CH_3COCl + (CH_3)_3COH \longrightarrow CH_3COOC(CH_3)_3$$

(3) Reaction with Ammonia and Primary and Secondary Amines

Acid chlorides react with ammonia and primary and secondary amines to give amides. In these reactions, it is necessary to use 2 moles of ammonia or amine for each mole of acid chloride, the first to form an amide and the second to neutralize the HCl produced in the reaction.

$$CH_3COCl + 2NH_3 \longrightarrow CH_3CONH_2 + NH_4^+Cl^-$$

Acid Anhydrides

The characteristic structural feature of an acid anhydride is the presence of a —CO—O—CO— group. Two examples of symmetrical anhydrides-that is, anhydrides derived from a single carboxylic acid-are acetic anhydride and benzoic anhydride.

In the IUPAC system, anhydrides are named by adding the word "anhydride" to the name of the parent acid. The anhydride derived from two molecules of acetic acid is named acetic anhydride; that derived from two molecules of benzoic acid is named benzoic anhydride.

Of the four classes of functional derivatives of carboxylic acid discussed in this unit, acid anhydrides are very close in relative reactivityto acid halides. Acid anhydrides react with water to form carboxylic acids, with alcohols to form esters, and with ammonia and primary and secondary amines to form amides. Thus, they too are valuable starting materials for preparing these functional groups.

The most commonly used acid anhydride is acetic anhydride, and this compound is commercially available. Other anhydrides can be prepared by reaction of an acid halide with the sodium or potassium salt of a carboxylic acid. In this reaction, the carboxylate anion is the nucleophile that reacts with the carbonyl carbon of the acid chloride to form a tetrahedral carbonyl addition intermediate that then collapses to give the acid anhydride. An example of this reaction is formation of the mixed anhydride between benzoic acid and acetic acid.

(1) Reaction with Water: Hydrolysis

In hydrolysis, an anhydride is cleaved to form two molecules of carboxylic acid, as illustrated by the hydrolysis of acetic anhydride;

$$CH_3COOCOCH_3+H_2O \longrightarrow CH_3COOH+HO\text{-}COCH_3$$

As with acid halides, acetic anhydride and other low-molecular-weight anhydrides react so readily with water that they too mustbe protected from moisture during storage.

(2) Reaction with Alcohols: Formation of Esters

Anhydrides react with alcohol to give one molecule of ester and one molecule of a carboxylic acid. Thus, reaction of an alcohol with an anhydride is a useful method for the synthesis of esters.

$$CH_3COOCOCH_3+HOCH_2CH_2 \longrightarrow CH_3COOC_2H_5+CH_3COOH$$

Aspirin is prepared by reaction of acetic anhydride with the phenolic —OH group of salicylic acid. The CH_3CO— group is commonly called an acetyl group, a name derived from acetic acid by dropping the -ic from the name of the acid and adding -y1. Therefore, the chemical name of the product formed by reaction of acetic anhydride and salicylic acid is acetyl salicylic acid.

$$HO—C_6H_4—COOH+CH_3COOCOCH_3 \longrightarrow HOOC—C_6H_4—OOCCH_3+CH_3COOH$$

Aspirinis one of the few drugs produced on an industrial scale. In 1977, the United States produced 35 million pounds of it. Aspirin has been used since the turn of the century for relief of minor pain and headaches and for the reduction of fever. Compared with other commonly used drugs, aspirin is safe and well tolerated.

However, it does have side effects. Because of its relative insolubility and acidity, it can irritate the stomach wall. These effects can be partially overcome by using its more soluble sodium salt instead. Because of these side effects, there has been increasing use of newer nonprescription analgesics, such as acetaminophen and ibuprofen.

$$CH_3CONH—C_6H_4—OH \qquad CH_3CH(CH_3)CH_2—C_6H_4—CH(CH_3)COOH$$

(3) Reaction with Ammonia and Amines; Formation of Amides

Acid anhydrides react with ammonia, as well as with primary and secondary amines, to form amides. For complete conversion of an acid anhydride to an amide, 2 moles of amine are required, the first to form the amide and the second to neutralize the carboxylic acid byproduct. Reaction of an acid anhydride with an amine is one of the most common laboratory methods for synthesizing amides.

$$CH_3COOCOCH_3+2NH_3 \longrightarrow CH_3CONH_2+CH_3COO^-NH_4^+$$

$$CH_3COOCOCH_3+NH(CH_3)_2 \longrightarrow CH_3CON(CH_3)_2+CH_3COO^{-+}NH_2(CH_3)_2$$

Vocabularies

acetic	*adj.*	醋的，乙酸的
acetate	*n.*	醋酸盐；醋酸酯
acetaminophen	*n.*	对乙酰氨基酚，扑热息痛
ammonia	*n.*	氨；氨水；
amide	*n.*	酰胺
analgesic	*n. & adj.*	止痛(的)剂，镇痛剂
anhydride	*n.*	酐
aspirin	*n.*	阿司匹林；阿司匹林药片
benzoic	*adj.*	苯甲酸的，安息香的
halide	*n. & adj.*	卤化物(的)
ibuprofen	*n.*	布洛芬，异丁苯丙酸
insolubility	*n.*	不溶性
irritate	*vt.*	刺激，使发炎
neutralize	*vt.*	中和
nonprescription	*adj.*	未经医生处方可以买到的
salicylic	*adj.*	水杨酸的
thionyl	*n.*	亚硫酰
pentachloride	*n.*	五氯化物
phenols	*n.*	酚类
phosphorus	*n.*	磷
pyridine	*n.*	吡啶(治喘病用)；氮(杂)苯

Words study

酰卤(acyl halides)、酸酐(carboxylic anhydrides)、酯(ester)和酰胺(amides)都是羧酸(carboxylic acids)衍生物，它们英文名词构词规律都以羧酸为基础。

1. 羧酸(carboxylic acid)英文名词构词规律

命名法1(适用于链状的一元或二元酸)：将同样碳数烃的名称后去"e"加"oic acid"，编号从—COOH上的碳原子开始。命名法2(适用于链状多元酸及羧基连在环上的酸)：在羧基以外的烃名称后加上"carboxylic acid"，编号从与—COOH相邻的碳原子开始；在下列两种情况下，①化合物中含有比—COOH更优先的基团，②—COOH在侧链上无法进入主链，—COOH需作为取代基来命名，写为"carboxy-"(羧基)，有些酸保留俗名。以上命名法例词的中英文名称及结构式见表2-32，常见羧酸系统命名与普通命名的中英文对照及分子式见表2-33。

表 2-32　羧酸两种系统命名的中英文对照及结构

英文	中文	结构式
2-methyl butanoic acid	2-甲基丁酸	$CH_3CH_2CHCOOH$ CH_3
cyclohexyl methanoic acid cyclohexane carboxylic acid	环己基甲酸 环己烷羧酸	—COOH
2-chlorocyclopentane-1-carboxylic acid	2-氯环戊烷-1-羧酸	HOOC Cl
2-ethyl-4-methyl pentanedioic acid	4-甲基-2-乙基-戊二酸	$CH_3CH_2CHCH_2CHCH_3$ COOH COOH
2-carboxy-1-methyl pyridinium chloride	氯化 2-羧基-1-甲基吡啶鎓	HOOC— N ⊕ ⊖ CH_3 Cl
3-carboxy methyl-1,6-hexanedioic acid	3-羧甲基-1,6-己二酸	$HOOCCH_2CH_2CHCH_2COOH$ CH_2COOH
4-oxo-1-cyclohexane carboxylic acid	4-羰基-1-环己烷羧酸	O= —COOH
ethanedioic acid/oxalic acid	乙二酸/草酸	COOH COOH
hexanedioic acid/adipic acid	己二酸/肥酸	$HOOC(CH_2)_4COOH$
2-hydroxy propanoic acid/ 2-hydroxy propionic acid/lactic acid	2-羟基丙酸/乳酸	$H_3CCCHCOOH$ OH
2-hydroxy butanedioic acid /maleic acid	2-羟基丁二酸/苹果酸 (失水后成为马来酸)	$HOOCCHCH_2COOH$ OH
cis-butenedioic acid/maleic acid *trans*-butenedioic acid/fumaric acid	(顺)丁烯二酸/马来酸 (反)丁烯二酸/富马酸	CHCOOH ‖ CHCOOH

表 2-33　常见羧酸系统命名与普通命名的中英文对照及分子式

IUPAC name/ common name	IUPAC 命名/普通命名	分子式
methanoic acid/formic acid	甲酸/蚁酸	HCOOH
ethanoic acid/acetic acid	乙酸/醋酸	CH_3COOH
propanoic acid/propionic acid	丙酸	CH_3CH_2COOH

续表

IUPAC name/ common name	IUPAC 命名/普通命名	分子式
butanoic acid/*n*-butyric acid	丁酸/正丁酸	$CH_3(CH_2)_2COOH$
pentanoic acid/*n*-valeric acid	戊酸/正戊酸	$CH_3(CH_2)_3COOH$
2-methyl propanoic acid/isobutyric acid	2-甲基丙酸/异丁酸	$(CH_3)_2CHCOOH$
dodecanoic acid/lauric acid	十二烷酸/月桂酸	$CH_3(CH_2)_{10}COOH$
tetradecanoic acid /myristic acid	十四烷酸/肉豆蔻酸	$CH_3(CH_2)_{12}COOH$
hexadecanoic acid /palmitic acid	十六烷酸/棕榈酸	$CH_3(CH_2)_{14}COOH$
octadecanoic acid /stearic acid	十八烷酸/硬脂酸	$CH_3(CH_2)_{16}COOH$
benzenecarboxylic acid/benzoic acid phenylformic acid/benzoic acid	苯甲酸/安息香酸	C_6H_5COOH

2. 酰卤(acyl halides)与卤化物(halogenide, halides)英文构词规律

酰卤(acyl halides)的命名是将相应羧酸词尾的"-ic acid"去掉，变为相应的"-oyl halide"或"-yl halide"，halide 包括 fluoride，chloride，bromide，iodide。酰卤作取代基时，写为 haloformyl-(卤代甲酰基)，formyl 和 carboxyl 都是甲酰基。

卤化物(halogenide, halide)的命名是在相应烃的名称前 + "卤代"。卤族元素、卤代、卤代酰基、卤化物和卤酸盐对照见表 2-34，酰卤和卤化物中代表基团和化合物的中英文名称及结构见表 2-35。

表 2-34　卤族元素的相关名词对照

卤族元素	卤代	卤代甲酰基	卤化物	卤酸盐
fluorine 氟	fluoro-氟代	fluroformyl 氟代甲酰	fluoride 氟化物	
chlorine 氯	chloro-氯代	chloroformyl 氯代甲酰	chloride 氯化物	chlorate 氯酸盐
bromine 溴	bromo-溴代	bromoformyl 溴代甲酰	bromide 溴化物	bromate 溴酸盐
iodine 碘	iodo-碘代	iodoformyl 碘代甲酰	iodide 碘化物	iodate 碘酸盐

3. 酯(Ester)的英文名词构词规律

酯特征词尾有-ate 和-ester，酯由相应酸的"-ic acid"换为"-ate"，醇的部分作为取代基而得名。当酯类作为取代基时，则醇的部分保留，酸的部分改为"-carboxy"；酰基的名称后加"-oxy"，称为酰氧基。代表性酯化合物及相关基团的中英文名称和结构见表 2-36。

表 2-35　酰卤和卤化物中代表化合物的中英文名称及结构式

英文	中文	结构
formyl	甲酰基	HCO—
acetyl, ethanoyl	乙酰基	CH_3CO—
propionyl, propanoyl	丙酰基	CH_3CH_2CO—
benzoyl	苯甲酰基	C_6H_5CO—
cyclohexane carboxyl chloride	氯代环己烷甲酰	(环己基)—COCl

英文	中文	结构
benzoyl iodide	碘代苯甲酰	C_6H_5—COI
2-chloro-2-methyl propane (*tert*-butyl chloride)	2-氯-2-甲基丙烷（不正规叫法：叔丁基氯）	$H_3C—C(CH_3)_2Cl$
1,2-dibromo ethane	1,2-二溴乙烷	$Br—CH_2CH_2—Br$
bromomethyl benzene (benzyl bromide)	溴甲基苯（不正规叫法：苄基溴）	$C_6H_5—CH_2Br$
1-bromo-3-chloro-benzene or *m*-bromochloro benzene	1-溴-3-氯苯 或间-溴氯苯	Cl, Br（间位取代苯）

表 2-36 代表性酯化合物及相关基团的中英文名称和结构

英 文	中 文	结 构
methyl ethanoate/methyl acetate	乙酸甲酯	CH_3COOCH_3
ethyl formate	甲酸乙酯	$HCOOCH_2CH_3$
ethyl acetoacetate	乙酰乙酸乙酯	$CH_3COCH_2COOC_2H_5$
carboxy methyl	羧甲基	$—CH_2COOH$
methyl carboxy	甲羧基	$—COOCH_3$
formyloxy	甲酰氧基(甲酸基)	HCOO—
acetoxy	乙酰氧基	$CH_3COO—$
benzoyloxy	苯甲酰氧基	$C_6H_5COO—$

4. 胺(amines)与酰胺(amides)的英文名词构词规律

amines(胺)的构词特征是在相应烃基后加“amine”，当 NH_2—作为取代基时写为“amino-”(氨基)。羰基化合物与胺加成生产酰胺。

amides(酰胺)中伯酰胺的构词是将相应羧酸名称的“-oic acid”改为“-amide”，或将相应羧酸的“carboxylic acid”改成“carboxamide”，相当于去掉烷烃名字最后一个字母”e”，加上后缀“amide”或“carboxamide”。仲、叔酰胺是在伯酰胺名称基础上，将氮原子上的取代基在前面标出。

胺和酰胺代表化合物的中英文名称和结构见表 2-37。

表 2-37 胺和酰胺代表化合物的中英文名称和结构

英文	中文	结构
ethyl amine	乙胺	$CH_3CH_2NH_2$
ethyl-1,2-diamine	1,2-乙二胺	$(CH_3CH_2NH_2)_2$
N,*N*-dimethyl butyl amine	*N*,*N*-二甲基丁胺	$CH_3(CH_2)_3—N(CH_3)_2$

续表

英文	中文	结构
formamide	甲酰胺	$HCONH_2$
N,*N*-dimethylformamide	*N*,*N*-甲基甲酰胺	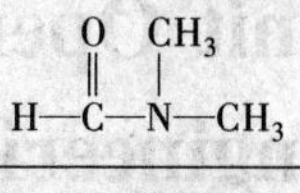
acetamide	乙酰胺	CH_3CONH_2
pentanamide/butane carboxamide	戊酰胺	$CH_3(CH_2)_2CONH_2$
p-acetylaminobenzoic acid	对乙酰氨基苯甲酸	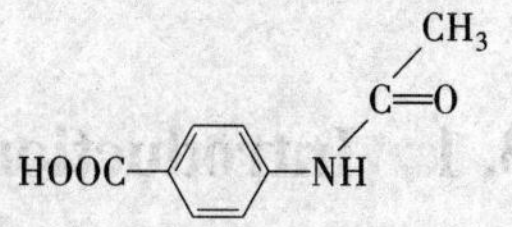
N,*N*-dimethylbenzamide	*N*,*N*-二甲基苯甲酰胺	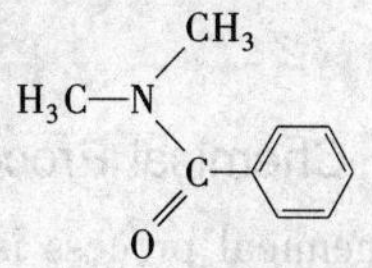
N,*N*-ethyl methyl pentanamide/ *N*,*N*-ethyl methyl butane carboxamide	*N*,*N*-甲基乙基戊酰胺	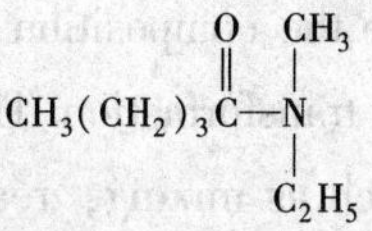

5. 酸酐(carboxylic anhydrides)的英文名词构词规律

carboxylic acids→carboxylic anhydride。代表性酸酐化合物的中英文名称和结构见表2-38。

表 2-38 代表性酸酐化合物的中英文名称和结构

英 文	中 文	结 构
benzoic anhydride	苯甲酸酐	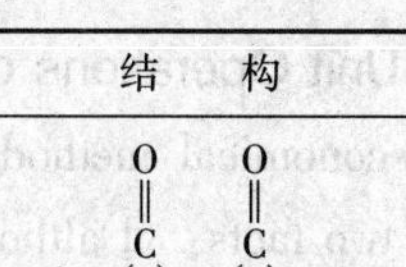
butanedioic anhydride	丁二酸酐	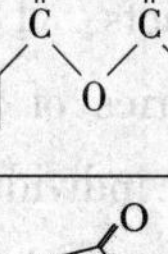
cyclohexanecarboxylic anhydride	环己烷二羧酸酐	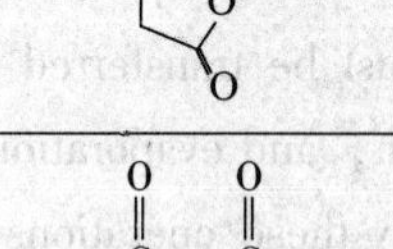
butyric anhydride butanoic anhydride	丁酸酐	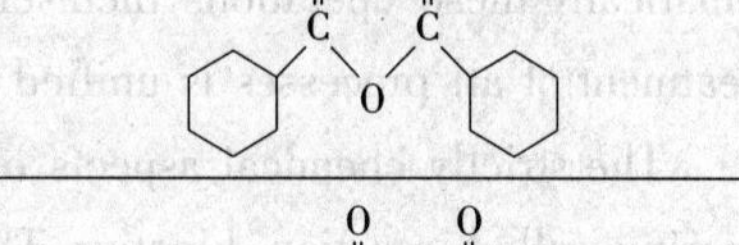
butyric propionic anhydride butanoic propanoic anhydride	丙酸丁酸酐	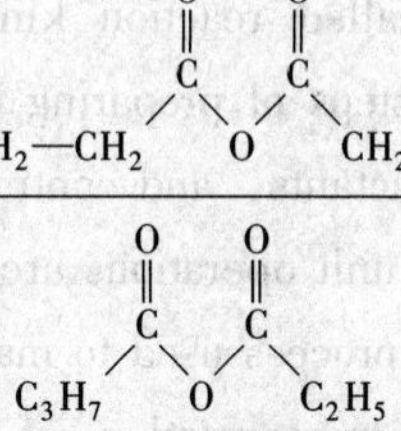

3 Unit Operation and Equipment of Chemical Engineering 化工单元操作及设备

3.1 Introduction to Unit Operations of Chemical Engineering 化工单元操作简介

(1) Chemical Process

A chemical process is a method intended to be used in manufacturing or on an industrial scale to change the composition of chemical(s) or raw material(s) through chemical, physical, or biochemical transformation. The transformation may involve a single step or many steps within unit operations such as mixing, reaction, and separation, in either batch or continuous form of operation.

A chemical process is both an art and a science. Whenever science helps the engineer to solve a problem, science should be used. When, as is usually the case, science does not gives a complete answer, it is necessary to use experience and judgment. The professional stature of an engineer depends on skill in utilizing all sources of information to reach practical solutions to processing problem.

(2) Unit Operations of Chemical Engineering

An economical method of organizing much of the subject matter of chemical engineering is based on two facts: ①although the number of individual process is great, each one can be broken down into a series of steps, called operations, each of which in turn appears in process after process; ②the individual operations have common techniques and are based on the same scientific principles. For example, in most processes solids and fluids must be moved; heat or other forms of energy must be transferred from one substance to another; and tasks like drying, size reduction, distillation, and evaporation must be performed. The unit-operation concept is this: by studying systematically these operations themselves-operations that clearly cross industry and process lines-the treatment of all processes is unified and simplified.

The strictly chemical aspects of processing are studied in a companion area of chemical engineering called reaction kinetics. The unit operations are largely used to conduct the primarily physical steps of preparing the reactants, separating and purifying the products, recycling unconverted reactants, and controlling the energy transfer into or out of the chemical reactor.

The unit operations are as applicable to many physical process as to chemical ones. For example, the process used to manufacture common salt consists of the following sequence of the unit operations: transportation of solids and liquids, transfer of heat, evaporation, crystallization, drying, and screening. No chemical reaction appears in these steps. On the other hand, the cracking of petroleum, with or without the aid of catalyst, is a typical chemical reaction conducted on an enormous scale. Here the unit operations-transportation of fluids and solids, distillation, and various mechanical separations-are vital, and the cracking reaction could not be utilized without them. The chemical steps themselves are conducted by controlling the flow of material and energy to and from the reaction zone. The present common unit operations of chemical engineering are listed in Table 3-1.

Table 3-1 The Common Unit Operation of Chemical Engineering

Unit Operation	Unit Operation
transportation of fluids(流体输送)	adsorption(吸收)
agitation and mixing of liquids(液体搅拌与混合)	desorption(解析)
crystallization and recrystallization(结晶与重结晶)	gas adsorption(气体吸附)
heat transfer(传热)	humidification(加湿)
leaching(浸取)	extraction(萃取)
evaporation(蒸发)	distillation(蒸馏)
size reduction(粉碎)	drying of solids(固体干燥)
mechanical separations [such as screening(过筛), filtration(过滤), centrifugation(离心), microfiltration(微滤), membrane filtration(膜过滤), and gravitation settling(重力沉降)]	

Because the unit operations are a branch of engineering, they are based on both science and experience. Theory and practice must combine to yield designs for equipment that can be fabricated, assembled, operated, and maintained.

A balanced discussion of each operation requires that theory and equipment be considered together.

From Unit Operation of Chemical Engineering (5th edition),
Edited by W. L. McCabe, *et al.*
McGraw-Hill Inc., *USA*. 1993, *p*3-4.

3.2 Heat Transfer 热传递

Introduction

In the majority of chemical process heat is either given out or absorbed, and in a very wide range of chemical plant, fluids must often be either heated or cooled. Thus in furnaces, evaporators, distillation units, driers, and reaction vessels one of the major problem is that of transferring heat at the desired rate. Alternatively, it may be necessary to prevent the loss of heat from a hot vessel or steam pipe. The control the flow of heat in the desired manner forms is one of the most important sections of chemical engineering. Provided that a temperature difference exists between two parts of a system, heat transfer will take place in one or more of three different ways.

Conduction. In a solid, the flow of heat by conduction is the result of the transfer of vibrational energy from one molecule to another, and in fluids it occurs in addition as a result of the transfer of kinetic energy. Heat transfer by conduction may also arise from the movement of free electrons. This process is particularly important with metals and accounts for their high thermal conductivities.

Convection. Heat transfer by convection is attributable to macroscopic motion of the fluid and therefore is confined to liquids and gases. In natural convection it is caused by differences in density arising from temperature gradients in the system. In forced convection, it is due to eddy currents in a fluid in turbulent motion.

Radiation. All materials radiate thermal energy in the form of electromagnetic waves. When this radiation falls on a second body it may be partially reflected, transmitted, or absorbed. It is only the fraction that is adsorbed that appears as heat in the body.

Basic Considerations

In many of the applications of heat transfer in chemical engineering, each of the mechanisms of conduction, convection, and radiation is involved. In the majority of heat exchanger units, the process is complicated in that the heat has to pass through a number of intervening layers before it reaches the material whose temperature is to be raised and the form of the equation may be complex.

As an example take the problem of transferring heat to oil in a crude still from a flame obtained by burning waste refinery gas. The heat from the flame is transferred by a combination of radiation and convection to the outer surface of the pipes, then passes through the walls by conduction, and finally, is transferred to the boiling oil by convection. After prolonged usage, solid deposits may form on both the inner and outer walls of the pipes, and these will then contribute additional resistance to the transfer of heat. The simplest form of equation, which represents this heat transfer operation, can be written as:

$$Q = UA\Delta T \tag{1}$$

where Q is the heat transfer per unit time, A the area available of the flow of heat, ΔT the difference in temperature between the flame and the boiling oil, and U is known as the overall heat transfer coefficient($W/m^2 \cdot K^{-1}$ in SI units).

At first sight, equation (1) implies that the relationship between Q and ΔT is linear. Whereas this is approximately so, over limited ranges of temperatures difference for which U is nearly constants, in practice U may well be influenced both by the temperature difference and by the absolute value of the temperatures.

The value of the coefficient will depend on the mechanism by which heat is transferred, on the fluid dynamics of both the heated and the cooled fluid, on the properties of the materials through which the heat must pass, and on the geometry of the fluid paths.

New Words and Technical Terms

conduction	*n.*	热传导
convection	*n.*	热对流
distillation unit		蒸馏装置
drier	*n.*	干燥器
eddy currents		涡流
electromagnetic waves		电磁波
evaporator	*n.*	蒸发器

furnace	*n.*	加热炉
heat transfer coefficient		导热系数
radiation	*n.*	热辐射
reaction vessel		反应容器
temperature difference		温差
natural convection		自然对流
forced convection		强制对流

3.3 Chemical Reactors 化学反应器

(1) Ideal Chemical Reactors

A chemical reactor, in the broadest sense, is an area of space where a chemical transformation can take place. This definition covers a huge variety of situations: industrial chemistry, thrusters for aircraft, rockets, chemical engines, etc. The configuration of a reactor depends on many factors relating to the chemical nature of the transformation taking place: a homogeneous or heterogeneous reaction, the difference from equilibrium, the presence of catalysts, turbulence, the thermodynamic state (pressure, temperature, etc.).

In order to study real reactors, we need to develop experimental techniques and means of theoretical investigation. The residence time of the chemical species in a reactor is an important notion, and examining the residence time distribution often gives us a picture of the process in all its complexity. The study of extreme cases, i. e. ideal reactors, is advantageous because they are simpler and because they often offer a good approximation of real cases. We can classify reactors on the basis of the number of phases involved, whether or not there is stirring and finally the operating mode (a continuous, semi-continuous or discontinuous process).

It is often an impossibility to solve the local balance equations without making any simplifying hypotheses. We generally use global balance which take account of the main characteristics of the reactors. In certain cases, one could, for instance, neglect the transfer phenomena (heat conduction, diffusion, viscosity). Sometimes-as is the case with isothermal reactors-only the species balance equation will be used.

For a so-called "perfectly stirred" (or "perfectly mixed") ideal reactor, we can distinguish only the input conditions and the (unique) conditions in the reactor itself, which are also the output conditions. This hypothesis is no longer valid for a "plug flow" reactor, where we suppose the flow to take place in successive stages, leading to the output. Finally, the effects of the variation in pressure and viscosity will be overlooked, so the momentum equation will not be used. We shall examine the permanent regime and sometimes the transitory regime and the stability of the points of operation of some ideal reactors.

From Flows and Chemical Reactions in Homogeneous Mixtures,
Edited by Roger' Prud' homme,
ISTE Ltd and Jon e Wiley& Sons, Inc., USA. 2013, *p*48-50.

The reactor is the heart of a chemical process. It is the only place in the process where raw materials are converted into products, and reactor design is a vital step in the overall design of the process.

The design of an industrial chemical reactor must satisfy the following requirements.

① The chemical factors: the kinetics of the reaction. The design must provide sufficient residence time for the desired reaction to proceed to the required degree of conversion.

② The mass transfer factors: with heterogeneous reactions the reaction rate maybe controlled by rates of diffusion of the reacting species; rather than the chemical kinetics.

③ The heat transfer factors: the removal, or addition, of the heat of reaction.

④ The safety factors: the confinement of hazardous reactants and products, and the control of the reaction and the process conditions.

The need to satisfy these interrelated and often contradictory factors, makes reactor design a complex and difficult task. However, in many instances one of the factor will predominate and will determine the choice of reactor type and the design method.

(2) Principal Types of Reactor

The following characteristics are normally used to classify reactor designs.

① Mode of operation: batch or continuous.

② Phases present: homogeneous or heterogeneous.

③ Reactor geometry: flow pattern and manner of contacting the phases.

Ⅰ stirred tank reactor;

Ⅱ tubular reactor;

Ⅲ packed bed, fixed and moving;

Ⅳ fluidized bed.

(3) Stirred Tank Reactors

Stirred tank (agitated) reactors consist of a tank fitted with a mechanical agitator and a cooling jacketor coils. They are operated as batch reactors or continuously. Several reactors may be used in series.

The stirred tank reactor can be considered the basic chemical reactor, modeling on a large scale the conventional laboratory flask. Tank sizes range from a few liters to several thousand liters. They are used for homogeneous and heterogeneous liquid-liquid and liquid-gas reactions, and for reactions that involve finely suspended solids, which are held in suspension by the agitation. As the degree of agitation is under the designer's control, stirred tank reactors are particularly suitable for reactions where good mass transfer or heat transfer is required.

When operated as a continuous process the composition in the reactor is constant and the same as the product stream, and, except for very rapid reactions, this will limit the conversion that can be obtained in one stage.

The power requirements for agitation will depend on the degree of agitation required and will range from about 0. 2kW/m^3 for moderate mixing to 2kW/m^3 for intense mixing.

(4) Tubular Reactors

Tubular reactors are generally used for gaseous reactions, but are also suitable for some liquid-phase reactions.

If high heat-transfer rates are required, small-diameter tubes are used to increase the surface area to volume ratio. Several tubes may be arranged in parallel, connected to manifold or fitted into a tube sheet in a similar arrangement to a shell and tube heat exchanger. For high-temperature reactions the tubes may be arranged in a furnace.

The pressure-drop and heat-transfer coefficients in empty tube reactors can be calculated using the methods for flow in pipes.

(5) Packed bed Reactors

There are two basic types of packed-bed reactor: those in which the solid is a reactant, and those in which the solid is a catalyst. Many examples of the first types can be found in the extractive metallurgical industries.

In the chemical process industries the designer will normally be concerned with the second type: catalytic reactors. Industrial packed-bed catalytic reactors range in size from small tubes, a few centimeters diameter, to large diameter packed beds. Packed-bed reactors are used for gas and gas-liquid reactions. Heat-transfer rates in large diameter packed beds are poor and where high heat-transfer rates are required fluidized bed should be considered.

(6) Fluidized bed Reactors

The essential feature of a fluidized bed reactor is that the solids are held in suspension by the upward flow of the reacting fluid; this promotes high mass and heat-transfer rates and good mixing. Heat-transfer coefficients in the order of $200W/m^2 \cdot ℃$ typically obtained. The solids may be a catalyst; a reactant in fluidized combustion processes; or an inert powder, added to promote heat transfer.

Though the principal advantage of a fluidized bed over a fixed bed is the higher heat-transfer rate, fluidized beds are also useful where it is necessary to transport a large quantities of solids as part of the reaction processes, such as where catalysts are transferred to another vessel for regeneration.

Fluidization can only be used with relative small particle, sized particles, $< 300\mu m$ with gases.

A great deal of research and development work has been done on fluidized reactors in recent years, but the design and scale up of large diameter reactors is still an uncertain process and design methods are largely empirical.

New Words and Technical Terms

coil	*n.*	螺旋管
empirical	*adj. & n.*	经验的；实验式
extractive	*adj. & n.*	抽取的，萃取的；抽出物
fluidization	*n.*	使液化，流化；流体化
homogeneous	*adj.*	均质的，均相的
heterogeneous	*adj.*	异质的，非均相的，多相的

kinetics	*n.*	动力学
manifold	*n.*	多支管，歧管，复式管头
metallurgical	*adj.*	冶金学的
thruster	*n.*	推进器
turbulence	*n.*	湍流，紊流
regeneration	*n.*	再生，回收
catalytic reactor		催化反应器
cooling jacket		冷却夹层
metallurgical industries		冶金工业
residence time distribution		停留时间分布
fixed/fluidized/packed bed		固定/流化/填充床
pressure-drop		压力降
shell and tube heat exchanger		管壳式换热器
stirred tank reactor		搅拌釜式反应器
tubular reactor		管式反应器

3.4 Distillation and Equipment 蒸馏及设备

In practice, distillation may be carried out by either of two principal methods.

The first method is based on the production of a vapor by boiling the liquid mixture to be separated and condensing the vapors without allowing any liquid to return to the still. There is then no reflex. The second method is based on the return of part of the condensate to the still under such conditions that this returning liquid is brought into intimate contact with the vapors on their way to the condenser. Either of these methods may be conducted as a continuous process or as a batch process.

Flash Distillation Plant

Flash distillation consists of vaporizing a definite fraction of the liquid in such a way that the evolved vapor is in equilibrium with the residual liquid, separating the vapor from the liquid, and condensing the vapor. Flash distillation is used most for separating components that boil at widely different temperatures. It is not effective in separating components of comparable volatility, which requires the use of distillation with reflux. Figure 3-1 shows the elements of a flash-distillation plant.

Feed is pumped by pump a through heater b, and the pressure is reduced through valve c. An intimate mixture of vapor and liquid enters the vapor separator d, in which sufficient time is allowed for the vapor and liquid portions to separate. Because of the intimacy of contact of liquid and vapor before separation, the separated streams are in equilibrium. Vapor leaves through the line e and liquid through line g.

Flash distillation plant is a simple distillation equipment. It is used extensively in petroleum refining, in which petroleum fractions are heated in pipe stills and the heated fluid is flashed into vapor and residual liquid stream, each containing many components. Liquid from an absorber is often flashed to recover some of the solute; liquid from a high-pressure reactor may be flashed to a lower pressure, causing some vapor to be evolved.

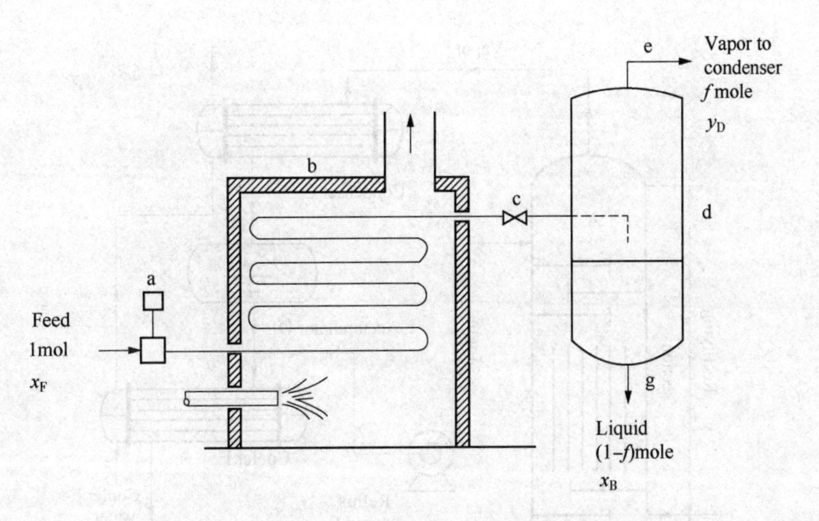

Figure 3-1 Plant for Flash Distillation

Distillation Tower

Distillation tower is used for continuous distillation to produce nearly pure products at both the top and bottom of the distillation tower. The feed is admitted to a plate in the central portion of the tower. If the feed is liquid, it flows down the tower to the reboiler and is stripped of component A by the vapor rising from the reboiler. By this means a bottom product can be produced which is nearly pure.

A distillation tower equipped with the necessary auxiliaries and containing rectifying and stripping section is shown in Figure 3-2.

Tower A is fed near its center with a steady flow of feed of definite concentration. Assume that the feed is a liquid at its boiling point. The action in the tower is not dependent on its this assumption, and other conditions of the feed will be discussed.

The plate on which the feed enters is called the feed plate. All plates above the feed plate constitute the rectifying section, all plates below the feed, including the feed plate itself, constitute the stripping section.

The feed flows down the stripping section to the bottom of the tower, in which a definite level of liquid is maintained. Liquid flows by gravity to reboiler B. This is a stream-heated vaporizer that generates vapor and returns it to the bottom of the tower. The vapor passes up the entire tower. At one end of the reboiler is a weir.

The bottom product is withdrawn from the pool of liquid on the downstream side of the weir and flows through the cooler G. This cooler also preheated the feed by heat exchange with the hot bottoms.

The vapors rising through the rectifying section are completely condensed in condenser C, and the condensate is collected in accumulator D, in which a definite liquid level is maintained.

Reflux pump F takes liquid from the accumulator and delivers it to the top plate of the tower. This liquid stream is called reflux. It provides the downflow liquid in the rectifying section that is needed to act on the upflow vapor. Without the reflux, no rectification would occur in the rectifying section, and the concentration of the overhead product would be no greater than that of the vapor rising from the feed plate. Condensate not picked up by the reflux pump is cooled in heat exchanger

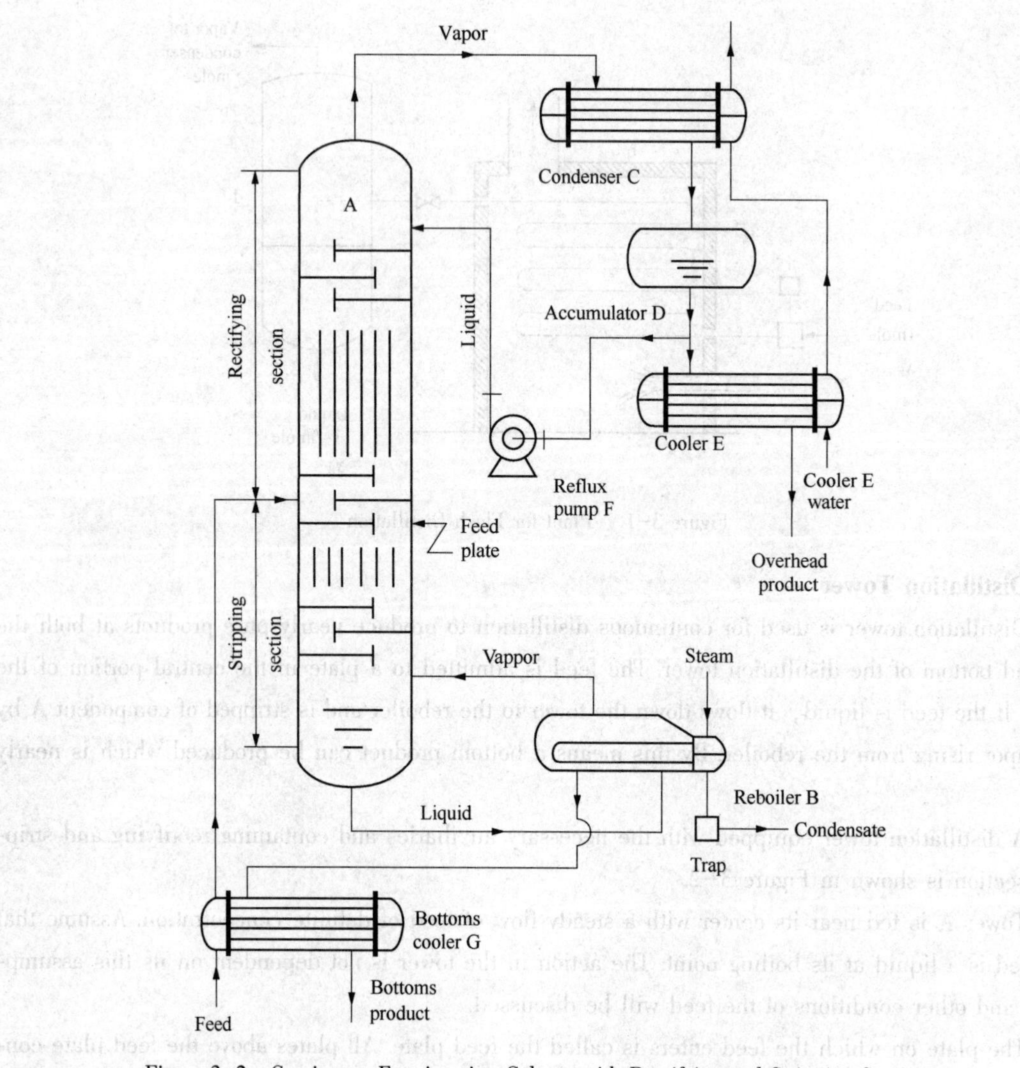

Figure 3-2 Continuous Fractionating Column with Rectifying and Stripping Sections

E, called the product cooler, and withdrawn as the overhead product. If no azeotropes are encountered, both overhead and bottom products may be obtained in any desire purity if enough plates and adequate reflux are provided.

The plant shown in Figure 3-2 is often simplified for small installations. In place of the reboiler, a heating coil may be placed in the bottom of the tower to generate vapor from the pool of liquid there. The condenser is sometimes placed above the top of the tower, and the reflux pump and accumulator are omitted. Reflux then returns to the top plate by gravity. A special valve, called a reflux splitter, may be used to control the rate of reflux return. The remainder of the condensate forms the overhead product.

New Words and Technical Terms

absorber *n.* 吸收器；吸收剂

accumulator *n.* 收集器

azeotrope	*n.*	共沸混合物，恒沸物
condensate	*n.*	冷凝物
cooler	*n.*	冷却器
distillation	*n.*	蒸馏(法)，蒸馏物
downflow	*n.*	向下流动，溢流管
fractionate	*vt.*	使分馏
reboiler	*n.*	再沸器
rectify	*vt.*	精馏
rectification	*n.*	精馏
reflux	*n.*	回流
remainder	*n.*	剩余物
residual	*n.*	残渣
still	*n.*	蒸馏器
upflow	*vi.* & *n.*	向上流；向上流动
weir	*n.*	回流堰
continuous fractionating tower		连续精馏塔
distillation equipment		蒸馏设备
distillation tower		蒸馏塔
downflow liquid		下流液
feed plate		进料板
flash distillation plant		闪蒸设备
heating coil		蛇形加热管
high-pressure reactor		高压反应器
petroleum refining		石油炼制
pipe still		管式蒸馏釜
pool of liquid		蓄液池
rate of reflux return		回流液回流速率
rectifying section		精馏段
stripping section		提馏段
reflux pump		回流泵
reflux splitter		回流分配器
residual liquid		剩余液体
upflow vapor		上升蒸气

Reading Materials

Flash Distillation of Binary Mixtures

Considering 1 mol of a two-component mixture fed to the equipment shown in Fig. 3-1. Let the concentration of the feed be x_F, in mole fraction of the more volatile component. Let f be the mole fraction of the feed that is vaporized and with drawn continuously as vapor, then $1-f$ is the mole fraction of the feed that leaves continuously as liquid. Let y_D, and x_B be the concentrations of the vapor and liquid, respectively. By a material balance for the more volatile component, based on 1 mol of feed, all of that component in the feed must leave in the two exit streams, or,

$$x_F = f_{yD} + (1-f)x_B \quad (1)$$

There are two unknowns in Fq (1). x_B and y_D. To use the equation a second relationship between the unknowns must be available. Such a relationship is provided by the equilibrium curve as y_D and x_B are coordinates of a point on this curve. If x_B and y_D are replaced by x and y, respectively, Eq(1) can be written

$$y = -\frac{1-f}{f}x + \frac{x_F}{f} \quad (2)$$

The fraction f is not fixed directly but depends on the enthalpy of the hot incoming liquid and the enthalpies of the vapor and liquid leaving the flash chamber. For a given feed condition, the fraction f can be increased by flashing to a lower pressure.

Equation (2) is the equation of a straight line with a slope of $-(1-f)/f$ and can be plotted on the equilibrium diagram. The coordinates of the intersection of the line and the equilibrium curve are $x = x_B$, and $y = y_D$. The intersection of this material-balance line and the diagonal $x = y$ can be used conveniently as a point on the line. Letting $x = x_F$ in Eq (2) given, from which $y = x_F = x$. The material-balance line crosses the diagonal at $x = x_F$ for all value off.

3.5 Crystallization and Crystallizer 结晶与结晶器

3.5.1 Crystallization and Crystallizer

Crystallization is used for the production, purification, and recovery of solids. Crystallization products have an attractive appearance, are free flowing, and easily handled and packaged. The process is used in a wide range of industries: from the small-scale production of specialized chemicals, such as pharmaceutical, to the tonnage products such as sugar, common salt and fertilizers.

As commonly practiced, purification by crystallization depends on the fact that most solids are more soluble in hot than in cold solvents. The solid to be purified is dissolved in the hot solvent at its boiling point, the hot mixture is filtered to remove all insoluble impurities, and then crystallization is allowed to process as the solution cools. In the ideal case, all of the desired substance separates in nicely crystalline form and all the soluble impurities remain dissolved in the mother liquor. Finally, the crystals are collected on a filter and dried. If a single crystallization operation does not yield a pure substance, the process may be repeated with the same or an other solvent.

Crystallization equipment can be classified by the method used to obtain supersaturation of the liquor, and also by the method used to suspend the growing crystals. Supersaturation is obtained by cooling or evaporation. There are four basic types of crystallizer: tank crystallizers, scraped-surface crystallizers, circulating magma crystallizers and circulating liquor crystallizers.

Commercial crystallizers may operate either continuously or batch-wise. Except for special applications, continuous operation is preferred. The first requirement of any crystallizer is to create supersaturated solution, because crystallization cannot occur without supersaturation. Three methods are used to produce supersaturation, depending primarily on the nature of the solubility curve of the solute.

① Solutes like potassium nitrate are much less soluble at low temperatures than at high temperatures, so supersaturation can be produced simply by cooling.

② When the solubility is almost independent of temperature, as with common salt, or diminishes as the temperature is raised, supersaturation is developed by evaporation.

③ In intermediate cases a combination of evaporation and cooling is effective. Sodium nitrate, for example, may be satisfactorily crystallized by cooling without evaporation, evaporation without cooling, or a combination of cooling and evaporation.

Typical application of the main types of crystallizer is summarized in Table 3-2.

Table 3-2 The selection of crystallizers

Crystallizer types	Applications	Typical uses
tank	batch operation, small-scale production	fatty acids (脂肪酸), vegetable oil (植物油), sugars
scraped surface	organic compounds, where fouling is a problem, viscous materials	chlorobenzenes (氯苯), organic acids, paraffin waxes(石蜡), naphthalene(萘), urea(尿素，脲)
circulating magma	production of large-sized crystals, high throughputs	ammonium(铵) and other inorganic salts, sodium and potassium chlorides
circulating liquor	production of uniform crystals (smaller size than circulating magma), high throughputs	gypsum(石膏), inorganic salts, sodium and potassium nitrates, silver nitrates

New Words and Technical Terms

crystal	*n.*	结晶(体)，晶粒/体
crytstalline	*adj.*	结晶(质)的
crystallization	*n.*	结晶化(过程/作用)
crystallizer	*n.*	结晶器
fertilizer	*n.*	肥料
filter	*n.*	过滤器
impurity	*n.*	杂质
insoluble	*adj.*	不溶解的
pharmaceutical	*n. & adj.*	药物，制药的
supersaturation	*n.*	过饱和度
small-scale production		小规模生产
mother liquor		母液
tank crystallizer		箱式结晶器
scraped-surface crystallizer		刮膜式结晶器
circulating magma crystallizer		晶浆循环结晶器
circulating liquor crystallizer		母液循环结晶器

3.5.2 Modern Crystallizer

Vacuum crystallizers

Most of modern crystallizers fall in the category of vacuum units in which adiabatic evaporative cooling is used to create supersaturation.

In its original and simplest form, such a crystallizer is a closed vessel in which a vacuum is maintained by a condenser usually with the help of a steam-jet vacuum pump, or booster, placed between the crystallizer and the condenser. Figure 3-3 shows a continuous vacuum crystallizer with the conventional auxiliary units for feeding the unit and processing the product magma.

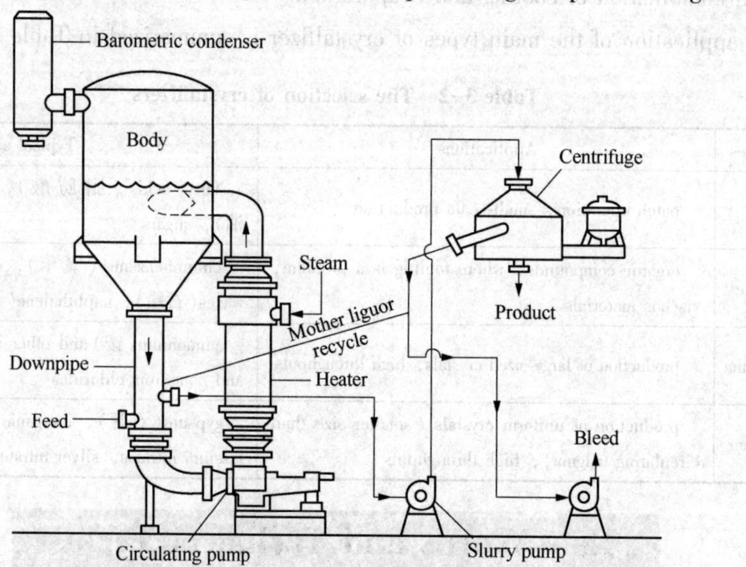

Figure 3-3 A Continuous Vacuum Crystallizer

The simple form of vacuum crystallizer has serious limitations from the standpoint of crystallization. Under the low pressure existing in the unit, the effect of static head on the boiling point is important; for example, water at 7℃ has a vapor pressure of 7.6 mmHg, which is a pressure easily obtainable by steam-jet boosters. A static head of 300 mm increases the absolute pressure to 30 mmHg, where the boiling point of water is 29℃. Feed at this temperature would not flash if admitted at any level more than 300mm below the surface of the magma.

Admission of the feed at a point where it does not flash, as in Figure 3-3, is advantageous in controlling nucleation.

A warm saturation solution at a temperature well above the boiling point at the pressure in the crystallizer is fed to the vessel. A magma volume is maintained by controlling the level of the liquid and crystallizing solid in the vessel, and the space above the magma is used for release of vapor and elimination of entrainment.

The feed solution cools spontaneously to the equilibrium temperature; since both the enthalpy of cooling and the enthalpy of crystallization appear as enthalpy of vaporization, a portion of the solvent evaporates. The supersaturation generated by both cooling and evaporation causes nucleation and growth. Product magma is drawn from the bottom of the crystallizer. The theoretical yield of crystals is proportional to the difference between the concentration of the feed and the solubility of the solute at equilibrium temperature.

The essential action of a single body is much like that of a single-effect evaporator, and in fact these units can be operated in multiple effect.

The magma circulates from the cone bottom of the crystallizer body through a downpipe to a low-speed low-head circulating pump, passes upward through a vertical tubular heater with condensing steam in the shell, and thence into the body.

The heated steam enters through a tangential inlet just below the level of the magma surface. This imparts a swirling motion to the magma, which facilitates flash evaporation and equilibrates the magma with the vapor through the action of an adiabatic flash. The supersaturation thus generated provides the driving potential for nucleation and growth. The volume of the magma divided by the volumetric flow rate of magma through the slurry pump gives the average residence time.

Feed solution enters the downpipe before the suction of the circulating pump.

Mother liquor and crystals are drawn off through a discharge pipe upstream from the feed inlet in the downpipe. Mother liquor is separated from the crystals in a continuous centrifuge; the crystals are taken off as a product or for further processing, and the mother liquor is recycled to the downpipe. Some of the mother liquor is bled from the system by a pump to prevent accumulation of impurities.

Because of the effect of static head, evaporation and cooling occur only in the liquid layer near the magma surface, and concentration and temperature gradients near the surface are formed. Also crystals tend to settle to the bottom of the crystallizer, where there may be little or no supersaturation. The crystallizer will not operate satisfactorily unless the magma is well agitated, to equalize concentration and temperature gradients and suspend the crystals. The simple vacuum crystallizer provides no good method for nucleation control, for classification, or for removal excess nuclei and very small crystals.

Draft tube-baffle crystallizer

A more versatile and effective equipment is the draft tube-baffle crystallizer. The crystallizer body is equipped with a draft tube, which also acts as a baffle to control the circulation of the magma, and an upward-directed propeller agitator to provide a controllable circulation within the crystallizer. An additional circulation system, outside the crystallizer body and driven by a circulation pump, contains the heater and feed inlet. Product slurry is removed through an outlet near the bottom of the conical lower section of the crystallizer body. For a given feed rate, both the internal and external circulations are independently variable and provide controllable variables for obtaining the required CSD.

Draft tube-baffle crystallizers can be equipped with an elutriation leg below the body to classify the crystals by size and may also be equipped with a baffled settling zone for fines removal. An example of such a unit is shown in Figure 3-4.

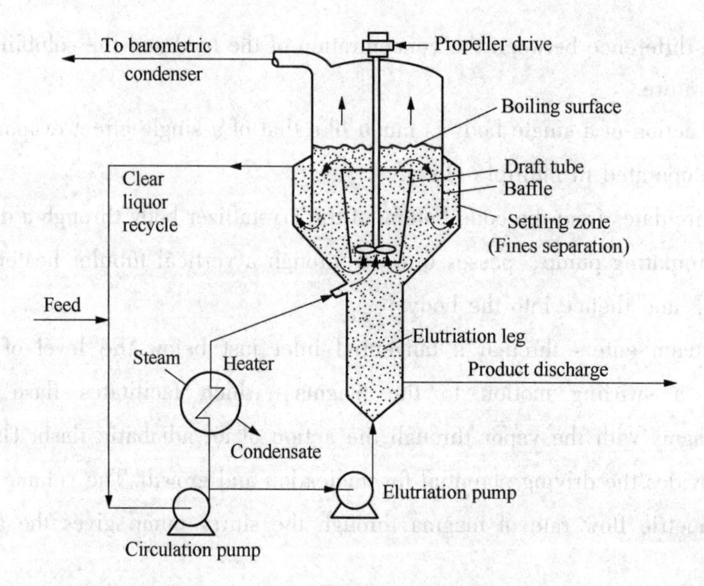

Figure 3-4 Draft Tube-Baffle Crystallizer with Internal System for Fines Separation and Removal

Part of the circulating liquor is pumped to the leg and used as a hydraulic sorting fluid to carry small crystals back in to the crystallizing zone for further growth. The discharge slurry is withdrawn from the lower part of the elutriation leg and sent to a filter or centrifuge, and the mother liquor is returned to the crystallizer.

Unwanted nuclei are removed by providing an annular space, or jacket, by enlarging the cone bottom and using the lower wall of the crystallizer body as a baffle. The annular space provide a settling zone, in which hydraulic classification separates fine crystals from larger ones by floating them in an upward-flowing stream of mother liquor, which is withdrawn from the top of the settling zone. The fine crystals so withdrawn are 60-mesh in size or smaller, and although their number is huge, their mass is small, so that the stream from the jacket is nearly solids free. When this stream, called the clear liquor recycle, is mixed with the fresh feed and pumped through a steam heater, the solution becomes unsaturated and most of the tiny crystals dissolve. The liquor, now essentially clear, is rapidly mixed with the slurry circulating in the main body of the crystallizer.

By removing a large fraction of the mother liquor from the jacket in this fashion, the magma density is sharply increased. Magma densities of 30 to 50 percent, based on the ratio of the volume of settled crystals to that of the total magma, are achieved.

New Words and Technical Terms

adiabatic	*adj.*	绝热的，隔热的
annular	*adj.*	环形的
baffle	*n.*	隔板，挡板
centrifuge	*n. & vt.*	离心机；使离心
downpipe	*n.*	降液管
elutriation	*n.*	洗提

entrainment	*n.*	夹带
hydraulic	*adj.*	水压的，液压的
nucleation	*n.*	晶核形成
static	*adj.*	静止的
supersaturate	*vt.*	使过度饱和
tangential	*adj.*	切线的
average residence time		平均停留时间
baffled settling zone		挡板沉降区
circulating pump		循环泵
draft tube-baffle crystallizer		导流管板结晶器
elutriation leg		析出段
hydraulic sorting fluid		液压分流
low-head circulating pump		低压头循环泵
static head		静压头
steam-jet		蒸气喷嘴
tangential inlet		切向入口
vacuum crystallizer		真空结晶器
volumetric flow rate		体积流速

3.6 Drying and Dryers 干燥与干燥器

The discussions of drying in this text are concerned with removal of water from process materials and other substances. The term drying is also used to refer to removal of other organic liquids, such as benzene or organic solvents, from solids. Many of the types of equipment and calculation methods discussed for removal of water can also be used for removal of organic liquids.

The wet solidis dried by passing a stream of heated gas across or through it. The hot gas serves to transfer heat to the solid by convection and remove the evaporated vapor. If the hot gas is supplied to the system at a constant temperature and humidity it is observed that the drying process occurs in two distinct stages.

Initially the rate of drying is constant and then at some moisture content it begins to diminish and continues to do so progressively until it is zero when the material is completely dry.

The moisture content at which the drying rate being to diminish is known as the critical moisture content but the change generally tends to occur gradually over a range of moisture content. In some cases the initial moisture content may below the critical and the drying will be then be entirely falling-rate with no constant rate. The falling-rate curves themselves may be concave or convex or may approximate to a straight line; they are inflected when a change of physical from occurs-for example when shrinking and cracking occur or when a skin forms on the surface of partly dried material.

The constant-rate drying period corresponds to the situation when the surface of the solid is wet with the liquid and in a given system the rate of drying is controlled entirely by the drying conditions; which in the case of pure convection drying are simply the velocity, temperature, and humidity of migration of liquid from inside the solid to the surface at which evaporation occurs is such that it does not in any way limit the process.

In the falling-rate period the rate of migration of liquid to the surface has decreased so that it controls the rate of drying.

The surface is now no longer fully wetted and as the rate of migration decrease the effect of the external conditions progressively diminishes and the rate is merely a reflection of lack of uniformity in the rate of moisture content over which the rate of migration to the surface equals the rate of evaporation from the surface. The critical moisture content represents the range of moisture content over which the rate of migration to the surface equals the rate of evaporation from the surface and a mean value can be taken for calculation purposes. The critical moisture content will be dependent upon the external drying conditions.

Drying methods and processes can be classified in several different ways. Drying processes can be classified as batch, where the material the is inserted into the drying equipment and drying proceeds for a given period of time, or as continuous, where the material is continuously added to the dryer and dried material continuously removed.

Drying processes can also be categorized according to the physical conditions used to add heat and remove water vapor: ①in the first category, heat is added by direct contact with heated air at atmospheric pressure and the water vapor formed is removed by the air; ②in vacuum drying, the evaporation of water proceeds more rapidly at low pressures, and the heat is added indirectly by contact with a metal wall or by radiation and③ in freeze drying, water is sublimed from the frozen material.

Of the many types of commercial dryers available, only a small number of important types are considered here. The first and larger group comprises dryers for solids and semisolid pastes; the second group consists of dryers that can accept slurry or liquid feeds.

(1) Dryers for Solids and Pastes

Typical dryers for solids and pastes include tray and screen-conveyor dryers for materials that cannot be agitated and tower, rotary, screen-conveyor, fluid-bed, and flash dryers where agitation is permissible. In the following treatment these types are ordered, as for as possible, according to the degree of agitation and the method of exposing the solid to the gas or contacting it with a hot surface. The ordering is complicated, however, by the fact that some types of the dryers may be either adiabatic or nonadiabatic or a combination of both.

① Tower dryers

A tower dryers contains a series of circular trays mounted one above the other on a central rotating shaft. Solid feed dropped on the topmost tray is exposed to a stream of hot air or gas that passes across the tray. The solid is then scraped off and dropped to the tray below. It travels in this way through the dryers, discharging as dry product from the bottom of the tower. The flow of solids and gas may be either parallel or countercurrent.

The turbodryer illustrated in Figure 3-5 is a tower dryer with internal recirculation of the heating gas. Turbine fans circulate the air or gas outward between some of the trays, over heating elements, and inward between other trays. Gas velocities are commonly 0.6 to 2.4 m/s (2 to 8 ft/s). The bottom two trays of the dryer shown in Figure 3-5 constitute a cooling section for dry solids. Preheated air is usually drawn in the bottom of the tower and discharged from the top, giving countercurrent flow. A turbodryer functions partly by cross-circulation drying, as in a tray dryer, and partly by showering the particles through the hot gas they tumble from one tray to another.

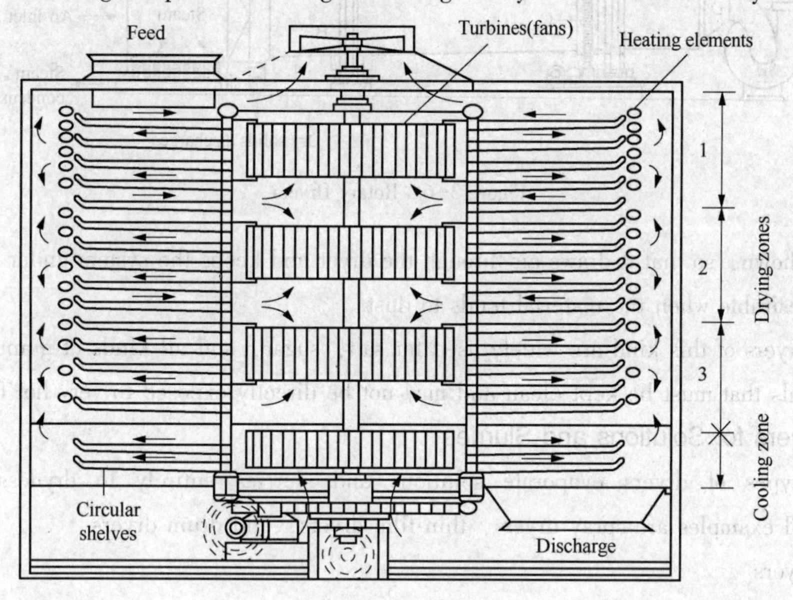

Figure 3-5 Turbodryer

② Rotary dryers

A rotary dryers consists of a revolving cylindrical shell, horizontal or slightly inclined toward the outlet. Wet feed enters one end of the cylinder; dry material discharges from the other. As the shell rotates, internal flight lift the solids and shower them down through the interior of the shell.

Rotary dryers are heated by direct contact of gas with the solids, by hot gas passing through an external jacket, or by steam condensing in set of longitudinal tubes mounted on the inner surface of the shell. The last of these types is called a steam-tube rotary dryer. In a direct-indirect rotary dryer, hot gas first passes through the jacket and then through the shell, where it comes into contact with the solids.

A typical adiabatic countercurrent air-heated rotary dryer is shown in Figure 3-6. A rotating shell A made of sheet steel is supported on two sets of rollers B and driven by a gear pinion C. At the upper end is a hood D, which connects through fan E to a stack and a spout F, which brings in wet material from the feed hopper. Flights G, which lift the material being dried and shower it down through the current of hot air, are welded inside the shell. At the lower end the dried product discharges into a screen conveyor H.

Just beyond the screen conveyor is a set of steam-heated extended-surface pipes that preheat the air. The air is moved through the dryer by a fan, which may, if desired, discharge into the air heater so that the whole system is under a positive pressure. Alternatively, the fan may be placed in

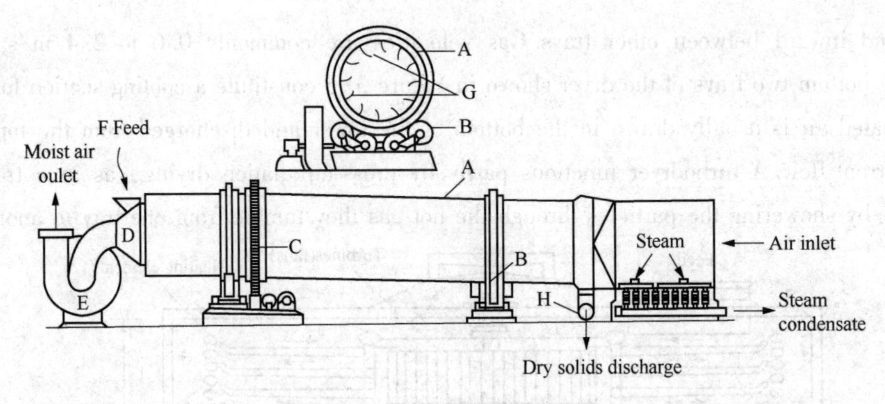

Figure 3-6 Rotary Dryers

the stack as shown, so that it draws air through the dryer and keeps the system under a slight vacuum. This is desirable when the material tends to dust.

Rotary dryers of this kind are widely used for salt, sugar, and all kinds of granular and crystalline materials that must be kept clean and may not be directly exposed to very hot flue gases.

(2) Dryers for Solutions and Slurries

A few types of dryers evaporate solutions and slurries entirely to dryness by thermal means. Typical examples are spray dryers, thin-film dryers, and drum dryers.

Spray dryers

In a spray dryer, a slurry or liquid solution is dispersed into a stream of hot gas in the form of a mist of fine droplets. Moisture is rapidly vaporized from the droplets, leaving residual particles of dry solid, which are then separated from the gas stream.

The flow of liquid and gas may be cocurrent , countercurrent, or a combination of both in the same unit. Droplets are formed inside a cylindrical drying chamber by pressure nozzles, two-fluid nozzles, or, in large dryers, high-speed spray disk.

In all cases it is essential to prevent the droplets or wet particles of solid from striking solid surface before drying has taken place, so that drying chambers are necessarily large. Diameter of 2. 5 to 9 m(8 to 30 ft) are common.

In the typical spray dryer shown in Figure 3-7, the chamber is cylinder with a short conical bottom. Liquid feed is pumped into a spray-disk atomizer set in the roof of the chamber.

In this dryer the spray disk is about 300mm (12 in) in diameter and rotates at 5,000 to 10,000 rpm. It atomizes the liquid into tiny drops, which are thrown radially into a stream of hot gas entering near the top of the chamber.

Cooled gas is drawn by an exhaust fan through a horizontal discharge line set in the side of the chamber at the bottom of the cylindrical section. The gas passes through a cyclone separator where any entrained particles of solid are removed.

Much of the dry solid settles out of the gas into the bottom of the drying chamber, from which it is removed by a rotary valve and screen conveyor and combined with any solid collected in the cyclone.

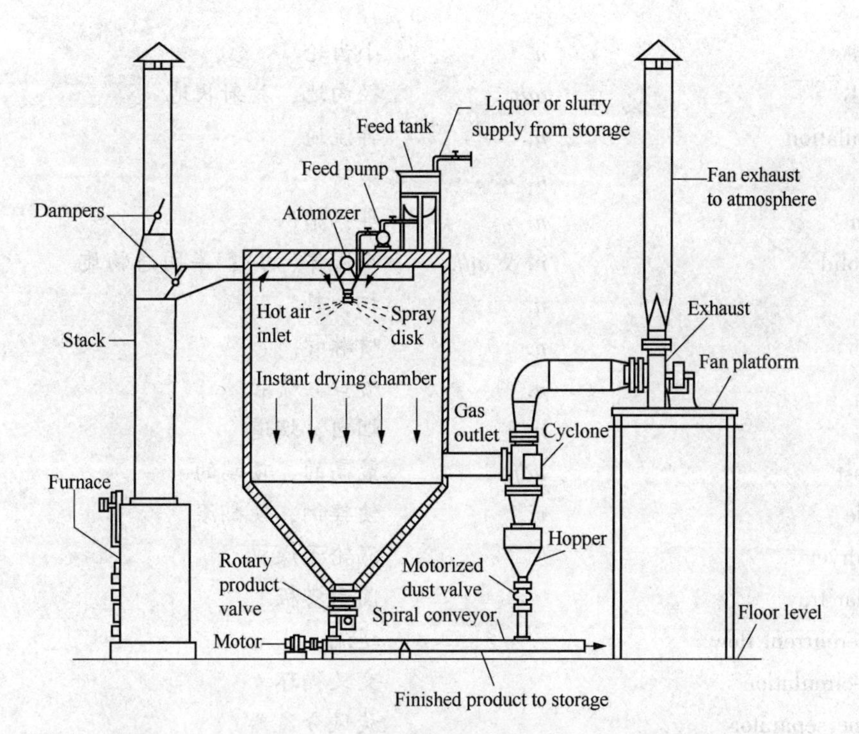

Figure 3-7 Spray Dryer with Parallel Flow

New Words and Technical Terms

cocurrent	*n.*	并流，同向
countercurrent	*adj.* & *n.*	逆流的；逆流
conical	*adj.*	圆锥(形)的
conveyor	*n.*	输送机
cyclone	*n.*	旋风，旋风分离器
disk	*n.*	圆盘
droplet	*n.*	小滴，微滴
drum	*n.*	鼓状圆筒
entrain	*v.*	带走
flight	*n.*	刮板
flue	*n.*	烟道
hood	*n.*	防护罩
hopper	*n.*	漏斗
inclined	*adj.*	倾斜的
longitudinal	*adj.*	纵向的
nonadiabatic	*adj.*	非绝热的
nozzle	*n.*	管嘴，喷嘴
order	*v.*	订购
parallel	*adj.*	平行的

pinion	*n.*	小齿轮
radially	*adv.*	径向地，放射状地
recirculation	*n.*	再流通
roller	*n.*	滚筒
screen	*n.*	屏，筛网
semisolid	*n. & adj.*	半固体(的)；半固态物质
shaft	*n.*	柄，轴
shower	*n.*	喷淋管
spout	*n.*	喷口，喷管
stack	*n.*	烟囱，烟道
topmost	*adj.*	最高的，顶端的
tumble	*vi.*	使摔倒，使翻滚
turbodryer		涡轮干燥机
circular tray		圆形塔板
countercurrent flow		逆流
cross-circulation		交叉循环
cyclone separator		旋风分离器
drum dryer		转鼓式干燥器
drying chamber		干燥室
extended-surface		展开面
feed hopper		进料斗
flash dryer		急剧(闪速，气流)干燥机
flue gas		烟道气
fluid-bed dryer		流化床干燥器
gear pinion		小齿轮
longitudinal tube		长管
one above the other		逐个
rotary dryer		转筒干燥器
rotary valve		旋转阀
rotating shaft		旋转轴
screen-conveyor dryer		筛网干燥器
spray disk		喷雾盘
spray dryer		喷雾干燥器
steam-heated		蒸汽加热的
steam-tube		蒸汽管
thin-film dryer		薄膜干燥器
tower dryer		塔式干燥器
tray dryer		箱式干燥器
turbine fan		涡轮鼓风机
two-fluid nozzle		气动雾化喷嘴

4 Fine Chemicals 精细化学品

The fine chemical industry is an industry to produce fine chemical products. Fine chemical products and special chemical products are both called fine chemicals.

Fine chemicals are divided into 11 categories of pesticides, dyestuffs, coatings (including paints and inks), pigments, reagents and high-purity chemicals, information chemicals (including photosensitive materials and magnetic recording materials), food and feed additives, adhesives, catalyst and auxiliaries, chemical drugs and chemicals for daily use.

4.1 Reagents and Catalysts 试剂与催化剂

(1) Reagents

A Reagent is a substance or compound that is added to a system in order to bring about a chemical reaction, or added to see if a reaction occurs. Although the reactant and reagent are often used interchangeably, a reactant is more specifically a substance that is consumed in the course of a chemical reaction. Solvent, although they are involved in the reaction, are usually not referred to as reactants. Similarly, catalysts are not consumed by the reaction, so are not described as reactants.

In organic chemistry, reagents are compounds or mixtures, usually composed of inorganic or small organic molecules that are used to effect a transformation on an organic substrate. Examples of organic reagents include the Collins reagent, Fenton's reagent, and Grignard reagent. There are also analytical reagent which are used to confirm the presence of another substance. Examples of these are Fehling's reagent, Millon's reagent and Tollen's reagent.

When purchasing or preparing chemicals, reagent-grade describes chemical substances of sufficient purity for use in chemical analysis, chemical reactions or physical testing. Purity standards for reagents are set by organization such as ASTM (American Society for Testing Materials) International or the American Chemical Society. For instance, reagent-quality water must have very low levels of impurities such as sodium and chloride ions, silica, and bacteria, as well as a very high electrical resistivity.

(2) Catalysts

Catalyst is substance that can cause a change in the rate of a chemical reaction without itself being consumed in the reaction. Substances that increase the rate of reaction are called positive or, simply, catalyst, while substances that decrease the rate of reaction are called negative catalyst or inhibitors.

Enzymes are the commonest and most efficient of the catalysts found in nature. Most of the chemical reactions that occur in the human body and in other living things are high-energy reactions that would occur slowly, if at all, without the catalysis provided by enzymes. For example, in the absence of catalysis, it takes several weeks for starch to hydrolyze to glucose; a trace of the enzyme ptyalin, found in human saliva, accelerates the reaction so that starches can be digested. Some enzymes increases reaction rate by a factor of one billion or more. Enzymes are generally specific catalysts; that is, they catalyze only one reaction of one particular reactant (called its substrate). Usually the enzyme and its substrate have complementary structures and can bond together to form a complex that is more reactive due to the presence of functional groups in the enzyme, which stabilize the transition state of the reaction or lower the activation energy. The toxicity of certain substances (e. g., carbon monoxide and the nerve gases) is due to their inhibition of life-sustaining catalytic reactions in the body.

Catalysis is also important in chemical laboratories and in industry. Some reactions occur faster in the presence of a small amount of an acid or base and are said to be acid catalyzed or base catalyzed. For example, the hydrolysis of esters is catalyzed by the presence of a small amount of base. In this reaction, it is the hydroxide ion, OH^-, that reacts with the ester, and the concentration of the hydroxide ion is greatly increased over that of pure water by the presence of the base. Although some of the hydroxide ions provided by the base are used up in the first part of the reaction, they are regenerated in a later step from water molecules; the net amount of hydroxide ion present is the same at the beginning and end of the reaction, so the base is thought of as a catalyst and not as a reactant.

Finely divided metals are often used as catalysts; they absorb the reactants onto their surface, where the reaction can occur more readily. For example, hydrogen and oxygen gases can be mixed without reacting to form water, but if a small amount of powdered platinum is added to the gas mixture, the gases react rapidly. Hydrogenation reaction, e. g., the formation of hard cooking fats from vegetable oils are catalyzed by finely divided metals or metal oxides. The commercial preparation of sulfuric acid and nitric acid also depends on such surface catalysis. Other commonly used surface catalysts, in addition to platinum, are copper, iron, nickel, palladium, rhodium, ruthenium, silica gel (silicon dioxide), and vanadium oxide.

New Words and Technical Terms

adhesive	*n.*	黏合剂
coating	*n.*	涂料
dyestuffs	*n.*	染料
enzyme	*n.*	酶
glucose	*n.*	葡萄糖
hydrolyze	*vi.*	水解
hydrolysis	*n.*	水解
inhibitor	*n.*	抑制剂，抗老化剂
paint	*n.*	涂料
pesticide	*n.*	杀虫剂

pigment	*n.*	(粉状)颜料；天然色素
ptyalin	*n.*	唾液淀粉酶
reagent	*n.*	试剂
starch	*n.*	淀粉
substrate	*n.*	底物，基质
saliva	*n.*	唾液
nickel	*n.*	镍
platinum	*n.*	铂
palladium	*n.*	钯
rhodium	*n.*	铑
ruthenium	*n.*	钌
vanadium	*n.*	钒
silica gel (silicon dioxide)		硅胶(二氧化硅)
fine chemicals		精细化学品
special chemical products		专用化学品
high-purity chemicals		高纯化学品
information chemicals		信息化学品
photosensitive materials		光敏材料
magnetic recording materials		磁记录材料
food and feed additives		食品和饲料添加剂
catalyst and auxiliaries		催化剂和各类助剂

4.2 Pigments, Dyes and Coatings 颜料、染料与涂料

(1) Pigments

A pigment is a material that changes the color of reflected or transmitted light as the result of wavelength-selective absorption. This physical process differs from fluorescence, phosphorescence, and other forms of luminescence, in which a material emits light.

Many materials selectively absorb certain wavelengths of light. Materials that humans have chosen and developed for use as pigments usually have special properties that make them ideal for coloring other materials. A pigment must have a high tinting strength relative to the materials it colors. It must be stable in solid form at ambient temperatures.

For industrial application, as well as in the arts, permanence and stability are desirable properties. Pigments that are not permanent are called fugitive. Fugitive pigments fade over time, or with exposure to light, while some eventually blacken.

Pigments are used for coloring paint, ink, plastic, fabric, cosmetics, food and other materials. Most pigments used in manufacturing and the visual arts are dry colorants, usually ground into a fine powder. This powder is added to a binder (or vehicle), a relatively neutral or colorless material that suspends the pigment and gives the paint its adhesion.

A distinction is usually made between a pigment, which is insoluble in its vehicle (resulting in a suspension), and a dye, which either is itself a liquid or is soluble in its vehicle (resulting in a solution). A colorant can act as either a pigment or a dye depending on the vehicle involved. In some cases, a pigment can be manufactured from a dye by precipitating a soluble dye with a metallic salt. The resulting pigment is called a lake pigment. The term biological pigment is used for all colored substances independent of their solubility.

(2) Dyes

Dye is any substance, natural or synthetic, used to color various materials, especially textiles, leather, and food. Dyes are classified as direct dye, in which the substrates (silk or wool) can be colored simply by being dipped, acidic or basic dye according to the medium required in the dyeing process.

The most common dyes are the azo dyes, formed by coupling diazotized amines to phenols. The dye can be made in bulk, or, the dye molecule can be developed on and in the fiber by combining the reactants in the presence of the fiber.

One dye, Orange II, is made by coupling diazotized sulfanilic acid with 2-naphthol in alkaline solution; another, Methyl Orange, is prepared by coupling the same diazonium salt with *N*,*N*-dimethylaniline in a weakly acidic solution. Methyl Orange is used as an indicator as it changes color at pH 3.2~4.4. The change in color is due to transition from one chromophore (azo group) to another (quinonoid system).

You are to prepare one of these two dyes and then exchanges samples with a neighbor and do the tests with both dyes. Both substances dye wool, silk, and skin, and you must work carefully to avoid getting them on your hands or clothes. The dye will eventually wear off your hands or they can be cleaned by soaking them in warm, slightly acidic (H_2SO_4) permanganate solution until heavily stained with manganese dioxide and then removing the stain in a bath of warm, dilute bisulfite solution.

(3) Coatings

Coating is a covering that is applied to the surface of an object, usually referred to as the substrate. In many cases coating are applied to improve surface properties of the substrate, such as appearance, adhesion, wet-ability, corrosion resistance, wear resistance, and scratch resistance. In other cases, in particular in printing processes and semiconductor device fabrication (where the substrate is a wafer), the coating forms an essential part of the finished product.

Coatings may be applied as liquids, gases, or solids. Coatings can be measured and tested for proper opacity and film thickness by using a Drawdown card.

Enamel (paint)

An enamel paint is a paint that air dries to a hard, usually glossy, finish. In reality, most commercially-available enamel paints are significantly softer than either vitreous enamel or stoved synthetic resin.

Some enamel paint have been made by adding varnish to oil-based paint.

Typically the term "enamel paint" is used to describe oil-based covering products, usually with a significant amount of gloss in them, however recently many latex or water-based paints have adopted the term as well. The term today means "hard surfaced paint" and usually is in referrence to paint brands of higher quality, floor coatings of a high gloss finish, or spray paints.

Powder coating

Powder coating is a type of coating that is applied as a free-flowing, dry powder. The main difference between a conventional liquid paint and a powder coating is that the powder coating does not require a solvent to keep the binder and filler parts in a liquid suspension form. The coating is typically applied electrostatically and is then cured under heat to allow it to flow and form a "skin". The powder may be a thermoplastic or a thermoset polymer. It is usually used to create a hard finish that is tougher than conventional paint. Powder coating is mainly used for coating of metals, such as "whiteware", aluminum extrusions, and automobile and bicycle parts. Newer technologies allow other materials, such as MDF (medium-density fiberboard), to be powder coated using different method.

Industrial coating

An industrial coating is a paint or coating defined by its protective, rather than its aesthetic properties, although it can provide both.

The most common use of industrial coatings is for corrosion control of steel or concrete. Other functions include intumescent coatings for fire resistance. The most common polymers used in industrial coating are polyurethane, epoxy and moisture cure urethane. Another highly common polymer used in industrial coating is a fluoropolymer. There are many types of industrial coatings including inorganic zinc, phosphate, and Xylan and PVD coating.

Industrial coating are often composites of various substances. For example the Xylan (a trade mark of Whitford Worldwide) line of dry-film lubricants are composites of fluoropolymers (typically PTFE, PFA, and FEP) and reinforcing thermoset polyimide and polyamide binder resin initially suspended in a variety of solvents (such as ethyl acetate, xylene, dimethylformamide, etc.). A complete coating system may include a primer, the coating, and a sealant/top-coat. NACE International (美国工程师防腐协会) and The Society for Protective Coatings (SSPC 美国防护涂料协会) are professional organizations involved in industrial coatings industry.

Fusion bonded epoxy coating (FBE coating)

Fusion bonded epoxy coating, also known as fusion-bond epoxy powder coating and commonly referred to as FBE coating, is an epoxy based powder coating that is widely used to protect steel pipe used in pipeline construction, concrete reinforcing bars (rebar) and on a wide variety of piping connections, valves etc. from corrosion. FBE coatings are thermoset polymer coatings. They come under the category of protective coatings in paints and coating nomenclature. The name fusion-bond epoxy is due to resin cross-linking and the application method, which is different from a conventional paint. The resin and hardener components in the dry powder FBE stock remain unreacted at normal storage conditions. At typical coating application temperatures, usually in the range of 180℃ - 250℃, the contents of the powder melt and transform to a liquid form. The liquid FBE film wets and flows onto the steel surface on which it is applied, and soon becomes a solid coating by chemical cross-linking, assisted by heat. This process is known as "fusion bonding". The chemical cross-linking reaction taking place in this case is irreversible. Once the curing take place, the coating cannot be returned to its original form by any means. Application of further heating will not "melt" the coating and thus it is known as a "thermoset" coating.

The world's leading FBE manufacturers are Valspar, KCC Corporation, Jotun Powder Coatings, 3M, Dupont, Akzo Nobel, BASF and Rohm & Hass.

New Words and Technical Terms

adhesion	*n.*	黏合，黏附力
aniline	*n.*	苯胺
bisulfite	*n.*	酸性亚硫酸盐
binder	*n.*	黏合剂
colorant	*n.*	着色剂
chromophore	*n.*	发色团
curing	*n.*	固化
diazonium	*n.*	重氮盐
diazotized	*adj.*	重氮化的
dimethylformamide	*n.*	二甲基甲酰胺
epoxy	*adj.* & *n.*	环氧的；环氧树脂
extrusion	*n.*	挤出，喷出
enamel	*n.* & *vt.*	搪瓷；在……涂瓷漆
electrostatic	*adj.*	静电(学)的
fluorescence	*n.*	荧光，荧光性
fugitive	*adj.*	短暂的
indicator	*n.*	指示剂
intumescent	*adj.*	膨胀的
luminescence	*n.*	发光
2-naphthol	*n.*	2-萘酚，β-萘酚
permanence	*n.*	持久(性)
phosphorescence	*n.*	磷光(现象)
polyamide	*n.*	聚酰胺
polyimide	*n.*	聚酰亚胺
polyurethane	*n.*	聚氨酯
primer	*n.*	底漆
quinoid	*n.*	醌型(式)
quinone	*n.*	醌，苯醌
rebar	*n.*	螺纹钢筋
reinforce	*v.*	加固
stability	*n.*	稳定(性)
sealant	*n.*	密封剂
tint	*n.* & *vt.*	色泽；染色
urethane	*n.*	脲烷

vehicle	*n.*	媒介物
wafer	*n.*	晶片，薄片
xylene	*n.*	二甲苯
Drawdown card		垂伸(刮涂)卡片法(测定涂层膜厚度)
azo dyes		偶氮染料
diazotized sulphanilic acid		重氮化对氨苯磺酸
fugitive pigments		短效颜料
fusion bonding		熔融黏合
high tinting strength		染色强度高
lake pigment		色淀颜料
manganese dioxide		二氧化锰
permanganate solution		高锰酸盐溶液
thermoset polymer coatings		热固性聚合物涂料
wavelength-selective absorption		光选择性吸收

Xylan　美国华福生产的一种涂料商标，是一种 PTFE 防腐涂层

PTFE　聚四氟乙烯(Polytetrafluoroethylene，简写为 teflon)，一般称作不粘涂层或易清洁物料，该材料抗酸、抗碱、抗各种有机溶剂。

PFA　Polyfluoroalkoxy，四氟乙烯-全氟烷氧基乙烯基醚共聚物

FEP　全氟乙烯丙烯共聚物(四氟乙烯和六氟丙烯共聚而成)

PVD　Physical Vapor Deposition 物理气相沉积

CVD　Chemical Vapor Deposition 化学气相沉积

4.3　Surfactants(Structure，Types and Applications) 表面活性剂(结构、类型与应用)

Surfactants or surface active agents are chemical compounds that when dissolved in water or another solvent，orient themselves at the interface between the liquid and a solid，liquid，or gaseous phase and modify the properties of the interface. The modification may be accompanied by frothing or foaming and by formation of colloids，emulsions，suspensions，aerosols，or foams.

(1) Surfactant Structure and Interface Activity

Surfactants are substances with molecular structures consisting of a hydrophilic and a hydrophobic part. The hydrophobic part is normally a hydrocarbon (linear or branched)，whereas the hydrophilic part consists of ionic or strongly polar groups，e. g.，polyglycol ether groups. Due to this characteristic structure，these compounds have a special property，namely the interfacial activity，that sets them apart from organic compounds in general.

In solvents such as water，the surfactant molecules distribute in such a manner，that their concentration at the interfaces is higher than in the inner regions of the solution. This behavior is attributable to their amphiphilic structure (hydrophilic part；hydrophobic part).

At the phase borders，an orientating alignment of the surfactant molecules occurs. This results in a change of system properties，e. g.，a lowering of interfacial tension between water and adjacent phase, a change of wetting properties, as well as formation of electrical double layers at the interfaces. Inside the solution, on exceeding of a certain surfactant concentration, surfactant aggregates (micelles) form.

(2) Classification

Surfactants are primarily applied in aqueous solution, so that classification by type of hydrophilic group is appropriate.

Classifying the surfactants by hydrophilic group, one differentiates: nonionic surfactants, anionic surfactants, cationic surfactants, and amphoteric surfactants.

Nonionic surfactants are surface active substances which in aqueous solutions do not dissociate into ions. The solubility of these substances in water is provided by polar groups such as polyglycol ether groups or polyol groups. Surface active amine oxides are also classified as nonionic surfactants.

Anionic surfactants are active substances in which, e. g., one hydrophobic hydrocarbon group is connected with one or two hydrophilic groups. In aqueous solution, dissociation occurs into a negatively charged ion (anion) and a positively charged ion (cation). The anion is the carrier of the surface active properties.

Cationic surfactants, which also contain a hydrophobic hydrocarbon group and one or several hydrophilic groups, dissociate in aqueous medium also into cation and anion. Here, however, the cation is the carrier of the surface active properties.

Amphoteric surfactants contain in aqueous solution both a positive and a negative charge in the same molecule. Depending on the composition and conditions of the medium (pH value), the substances can have anionic or cationic properties.

Commercially available surfactants are not uniform substances, but are mixtures of homologous substances, e. g., of the chain lengths C_{8-18}. By selection of specific homologue mixtures, application advantages are attainable.

Additionally, the respective isomer distribution in the individual surfactant classes has great significance for varying application properties.

Table 4-1 gives an overview of the most important substance types assigned to the four surfactant classes.

Table 4-1 Key Surfactants

Structure	Chemical name	Acronym
Anionic surfactants		
$R{-}CH_2{-}C(=O){-}ONa$ $R=C_{10-16}$	soaps	
$R{-}C_6H_4{-}SO_3Na$ $R=C_{10-18}$	alkylbenzene sulfonates	LAS
$(R_1)(R_2)CH-SO_3Na$ $R_1+R_2=C_{11-17}$	*sec*-alkyl sulfonates	SAS

续表

Structure	Chemical name	Acronym
Anionic surfactants		
$H_3C-(CH_2)_m-CH=CH-(CH_2)_n-SO_3Na$ $R-CH_2-CH(OH)-(CH_2)_x-SO_3Na$ $n+m=9\sim15$; $n=0, 1, 2\cdots$; $m=x=1, 2, 3\cdots$; $R=C_{7\sim18}$;	α-olefin sulfonates	AOS
$R-CH(SO_3Na)-C(=O)OCH_3$ $R=C_{14\sim16}$	α-sulfo fatty acid methyl esters	SES
$R-CH_2-O-SO_3Na$ $R=C_{11\sim17}$	fatty alcohol sulfates	FAS
$RR'CH-CH_2-O-(CH_2-CH_2-O)_n-SO_3Na$ (a) $R'=H$, $R=C_{10\sim12}$; (b) $R+R'=C_{11\sim13}$, $R'=H$, C_1; C_2; $n=1\sim4$	alkyl ether sulfates (a) fatty alcohol ether sulfates (b) oxo-alcohol ether sulfates	FES
Cationic surfactants		
$[R_1R_2R_3R_4N^+]Cl^-$ $R_1, R_2=C_{16\sim18}$; $R_3, R_4=C_1$	tetraalkyl ammonium chloride	QAC
Nonionic surfactants		
$RR'CH-CH_2-O-(CH_2-CH_2-O)_nH$ (a) $R=C_{6\sim16}$; $R'=H$; (b) $R+R'=C_{7\sim18}$; $R'=H$, C_1; C_2; $n=3\sim15$	(a) fatty alcohol polyethyleneglycol ethers (b) oxo-alcohol polyethyleneglycol ethers	AEO
$R-C_6H_4-O(CH_2-CH_2-O)_nH$ $R=C_{8\sim12}$; $n=5\sim10$	alkylphhenol polyethyleneglycol ethers	APEO
$R-C(=O)-N[(CH_2-CH_2-O)_nH][(CH_2-CH_2-O)_mH]$ $R=C_{11\sim17}$; $n=1, 2$; $m=0, 1$	fatty acid alkanol amide	FAA
$RO-(CH_2-CH_2-O)_n-(CH_2-CH(CH_3)-O)_mH$ $R=C_{8\sim18}$; $n=3\sim6$; $m=3\sim6$	fatty alcohol polyglycol ethers (EO/PO-Adducts)	FEP
$H(O-CH_2-CH_2)_m-O-CH(CH_3)-CH_2-OH$ $\{CH_2-CH(H_3C)-O\}$ $H(O-CH_2-CH_2)_m$ $n=2\sim60$; $m=15\sim80$	ethylene oxide/propylene oxide bolck polymers	EPE

续表

Structure	Chemical name	Acronym
Nonionic surfactants		
$R-N^{-}(CH_3)_2 \rightarrow O$ $R=C_{12\sim18}$	alkyl dimethyl amine oxide	
Amphoteric surfactants		
$R-N^{+}(CH_3)_2-CH_2-C(=O)O^{-}$ $R=C_{12\sim18}$	alkyl betaines	
$R-N^{+}(CH_3)_2-(CH_2)_3-SO_3^{-}$ $R=C_{12\sim18}$		

(3) Manufactures and Applications

1) Nonionic Surfactants

The nonionic surfactants represent a large class of surfactants. Included are many partial fatty esters of polyols, alkoxylates and some nitrogen derivatives. As a group they are innocuous and are often included in cosmetic and health care product formulations; many food-grade emulsifiers are included in this class.

① Monoglycerides

Monoglycerides can be manufactured by the reaction of fatty acids with glycerol or the reaction of fats (triglycerides) with glycerol. The latter is the preferred commercial method.

$$\begin{matrix} RCOOCH_2 \\ | \\ RCOOCH \\ | \\ RCOOCH_2 \end{matrix} + \begin{matrix} HOCH_2 \\ | \\ HOCH \\ | \\ HOCH_2 \end{matrix} \underset{}{\overset{Cat.}{\rightleftharpoons}} \begin{matrix} RCOOCH_2 \\ | \\ HOCH \\ | \\ RCOOCH_2 \end{matrix} + \begin{matrix} RCOOCH_2 \\ | \\ HOCH \\ | \\ HOCH_2 \end{matrix}$$

Monoglycerides are available prepared from tallow and lard, soybean oil, cottonseed oil, and coconut oil and other triglycerides. Monoglycerides are also available as 90% α-monoglyceride products by molecular distillation from lower monoglyceride content products.

Mono-and diglycerides are used in many industries. The greatest utilization is in the food industry where the relatively low price, safety, and emulsification properties have made them the emulsifier of choice in many foods. Monoglycerides are utilized in the preparation of pharmaceuticals and cosmetics because of their unquestioned safety and blending well with many excipients. The fiber/textile industry consumes large quantities of mono-and diglycerides. Glycerol monoleate is often chosen for spin finishes because of its low melting point.

② Sorbitan Esters and Their Ethoxylates

Sorbitol, an alcohol with six hydroxyl groups, is readily esterified with fatty acids at elevated temperature and under reduced pressure to form an ester and water. At the same time, water is eliminated from the sorbitol molecule ring structure. The resulting product is sorbitan ester.

$$
\begin{array}{l}
CH_2OH \\
| \\
CHOH \\
| \\
CHOH \\
| \\
CHOH \\
| \\
CHOH \\
| \\
CH_2OH
\end{array}
+ RCOOH \xrightarrow{-H_2O}
\begin{array}{c}
\quad O \\
H_2C \quad\quad CHCH_2OOCR \\
| \quad\quad\quad | \\
HOHC \quad\quad CHOH \\
CH \\
| \\
OH
\end{array}
$$

A variety of sorbitan esters are available. The monoesters usually manufactured are the oleates, stearates, palmitates, and laurates. The triesters of stearic and oleic acid and the sesquiesters of oleic and isostearic acid are also commercially available. Other esters containing mixed acids are produced.

The sorbitan esters are emulsifiers of relatively low HLB. They are useful in preparing water-in-oil emulsions or, when combined with ethoxylates sorbitan esters, in preparing oil-in-water emulsions. In most applications, sorbitan esters are combined with other surfactants.

③ Ethoxylated Fatty Alcohols

Fatty alcohols are produced from the catalytic hydrogenation of fatty esters. The fatty alcohols readily accept ethylene oxide in the presence of an alkaline catalyst to produce the linear adduct with small amount of free alcohols and polyethylene glycol present in products. The ether structure is very resistant to hydrolysis. As a result of this stability, ethoxylated fatty alcohols are often utilized in applications where the pH is strongly alkaline or acidic. The range of products commercially available cover a wide range of HLB values. Those with higher HLB values are water soluble.

Ethoxylated alcohols are utilized in pulp and paper, textile, and metal-cleaning applications where their wetting properties and stability are required. They have been used in machine dishwasher detergents and rinsing aids and in household cleaning liquids. Applications are also found in the cosmetic, toiletry, and pharmaceutical industries where the alkylates are used as emulsifier and coupling agents.

④ Ethoxylated Fatty Acids

The polyoxyethylene[polyethylene glycol (PEG)] fatty esters represent a large group of emulsifiers which are widely used in formulating both macro- and microemulsions. The monoesters are readily formed by the addition of ethylene oxide to a fatty acid in the presence of a suitable catalyst under pressure.

As the amount of added ethylene oxide increases, the hydrophilic nature of the ester also increases. Ester made from shorter-chain fatty acids have higher HLB value than those of the corresponding esters prepared from longer-chain acids. Similarly, the diesters have lower HLB values than the monoester containing the same number of oxyethyl groupings.

The fatty acid ethoxylates are relatively low cost emulsifiers and are used in many areas, e. g. in latex paints, as defoamers and as dispersants for pigment and dye leveling, in the pharmaceutical and cosmetic industries as solubilizers.

⑤ Alkanolamides

When equimolar-quantity fatty acids and diethanolamine are heated, water is expelled and an alkanolamide is formed. Since some fatty acid will react with the hydroxyl group of the diethanolamine, a pure alkanolamide is not obtained. If the methyl ester of a fatty acid and diethanolamine (1 : 1 molar ratio) in the presence of an alkaline catalyst, methanol is evolved and a high-purity amide results. These are termed "superamides".

$$RCOOCH_3+HN(CH_2CH_2OH)_2 \longrightarrow RCON(CH_2CH_2OH)_2+CH_3OH$$

Another type of alkanolamide is formed when 2 mol of diethanolamine is reacted with 1 mol of fatty acid. The product is a Kritchevsky amide.

All three types of alkanolamides mentioned above are marketed. In general, the N-coco alkanolamides are most often used. The alkanolamides are useful additives in systems where a high foam (suds) level is desirable, e. g. in shampoos and dishwashing liquids to boost sudsing and to disperse lime soaps if they are present.

⑥ Sucrose Esters and Steroids

Sucrose, a disaccharide having eight free hydroxyl groups, has the potential of proving a range of products covering a wide range of HLB values. The production of ester is relatively recent development. The fundamental process presently used dimethylformamide or in sugar ester synthesis incorporates a solvent such as dimethyl sulfoxide. The ester must be purified to assure remove of the solvent before the product is used in food.

$$C_{12}H_{22}O_{11}+RCOOH \longrightarrow$$

CH₂OOCR, CH—O, HC OH, CH, HO HC—CH, OH, O, CH₂OH, O, C, HO, CH, CH₂OH, HC—CH, OH

Their relatively high cost, compared to other commonly used emulsifiers, limits their general use.

sterols(甾醇) present in soybean and other vegetable oils, which are fractionated to remove most of the stigmasterol(豆甾醇) (a pharmaceutical intermediate); the remaining sterols are useful in preparing emulsifiers. The free phytosterol(植物甾醇) mixture may be used as a low-HLB emulsifier and stabilizer, or it is ethoxylated to increase the HLB from 3 to higher values. The ethoxylated sterols, covering an HLB range from about 7 to 17, primarily derivatives of sitosterol(谷甾醇) and campesterol(植物甾醇), are marketed primarily for use in the perfume and cosmetic industry.

2) Ionic Surfactants

An ionic fat surfactant contains one or more charged moieties in its structure. The charges may be either positive (cationics) or negative (anionics); the amphoterics contain both a negative and a positive charged moiety in the same molecule.

① Anionics

The anionic emulsifiers are a large class of compounds. The negative charge is carried by the lipophilic or fat-derived portion of the molecule. The positive portion of the molecule is usually a metalion or a low-molecular-weight ammonium derivative.

Alkyl sulfates: Fatty alcohols react with concentrated sulfuric acid, oleum, or sulfur trioxide to form an alkyl sulfate ester. This product is neutralized with a base, e. g. sodium hydroxide, ammonia, or triethanolamine.

$$ROH+SO_3 \longrightarrow ROSO_3H \xrightarrow{NaOH} ROSO_3Na+H_2O$$

The alkyl sulfates are detergents, emulsifying agents, and wetting agents with a high HLB. They find wide application in household products, e. g. shaving creams and cosmetic formulas, in textile industry and as a surfactant in emulsion polymerizations.

Alkyl ether sulfates: Ethoxylated fatty alcohols may be sulfated to obtain surfactants which have improved water solubility compared to the corresponding alkyl sulfates. In the preparation an alcohol ethoxylate is treated with chlorosulfonic acid. This intermediate product is next neutralized with a base such as sodium hydroxide give the surfactant.

$$RO(CH_2CH_2O)_xH+ClSO_3H \xrightarrow{-HCl} RO(CH_2CH_2O)_xSO_3H \xrightarrow[-H_2O]{+NaOH} RO(CH_2CH_2O)_xSO_3Na$$

The alkyl ether sulfates are biodegradable. They find use where highfoaming detergents are desired, as in bubble baths, shampoos, and car wash surfactants.

Soaps: Bar soaps are manufactured commercially by saponification of fats or by neutralization of fatty acids with alkali. The classical method of preparation is saponification of fats by alkali using a batch process. In this process the fat was heated with an aqueous lye solution; soap and glycerol were formed. The soap was separated from the glycerol by the addition of salt (graining out) and then washed. The resulting soap was dried and formed into bars.

The formation of water-insoluble soaps in the presence of calcium, magnesium, iron, and other ions in hard water limits the use of soaps. Another limitation is imposed by the pH of the system in which the soap is dissolved; under acidic conditions, the soap is converted to the insoluble free fatty acid, which separates from the solution. Large volumes of soaps are used in industrial applications and industrial cleaning compounds. They are useful in textile scouring and as an emulsifier. Cosmetic applications of soaps include cold creams and lotions, where the soap is formed during the mixing process and acts as a major component of the emulsifier system. A mixture of ammonium and triethanolamine soaps and lecithin has been patented for use as an emulsifier and source of nutrients to promote the biodegradation of oil spills on water.

Some of the anionic monoglyceride products permitted for direct addition to foods for human consumption in the United States and the reference paragraph in the Code of Federal Regulations 21 are shown in Table 4-2.

Table 4-2 Some allowed food additives, united states

Product	Section of Fed. Reg. 21
succinylated monoglccerides(琥珀酰单甘油酯)	172. 830
monoglyceride citrate(柠檬酸单甘油酯)	172. 832
lactylated fatty acid esters of glycerol and propylene glycol(乳酸脂肪酸丙二醇甘油混合酯)	172. 850
glycerol-lacto esters of fatty acids(乳酸脂肪酸甘油酯)	172. 852
sodium stearorl-2-lactlate(硬脂酰乳酸钠)	172. 846
calcium stearorl-2-lactlate(硬脂酰乳酸钙	172. 84
lactylic esters of fatty acids(脂肪酸乳酸酯)	172. 848

Although the principal use of the anionic surfactants discussed above is in continuous bread mixing systems used in modern bakeries, there is also consumption in other foods.

② Cationics

Cationic fat-derived emulsifiers are all nitrogen-containing compounds. The nitrogen is attached to an alkyl chain and carries a positive charge. The negative charge may be either an inorganic anion or an organic acid moiety.

Imidazolines(咪唑啉): When fats or fatty acids are reacted with a diamine or substituted diamine an imidazoline is formed.

$$RCOOH + \begin{matrix} CH_2NH_2 \\ | \\ CH_2NH_2 \end{matrix} \xrightarrow{-H_2O} \begin{matrix} CH_2\text{–}N= \\ | \\ CH_2\text{–}NH \end{matrix} CR$$

The amide and imidazoline ring closure require very high temperatures unless the reaction is completed under very good vacuum. If good vacuum is available, the ring closure can be obtained as low as 66℃. Stainless steel or glass-lined reactors are preferred for the reaction.

Imidazolines are often quaternized by the addition of dimethyl-sulfate, diethyl sulfate, or methyl chloride. The resultant product is cationic in nature. Imidazoline quaternaries are not easily hydrolyzed. They are useful as emulsifiers for tar, asphalt and cutting oils. Their chief use, however, is in fabric softener compositions.

Quaternary ammonium compounds: Quaternary ammonium compounds may be considered as homologs of ammonium salts wherein the four hydrogen atoms have been replaced by an organic radical. However, the"quats" are strong bases, whereas the ammonium compounds are derived from a weak base. Quaternary compounds are formed by reacting a tertiary amine with a quaternizing agent (季铵化试剂) such as methyl chloride or ethyl sulfate.

$$RN(CH_3)_2+CH_3Cl \longrightarrow RN^+(CH_3)_3Cl^-$$

Quats are, in general, incompatible with anionic surfactants. They precipitate soaps, and other anionics from solutions; they can therefore be useful in breaking emulsions containing anionics. Di-and trivalent metal ions precipitate quats containing two or more long-chain alkyl groups.

The HLB values of the quaternary ammonium compounds containing one fatty alkyl per molecule tend to decrease with increasing carbon chain length; those with two fatty alkyl groups have lower HLB values than do those with one group.

Dicoco dimethyl ammonium chloride is approved for use as a component of herbicide formulations for weed control in corn and sorghum(高粱) fields.

③ Amphoterics

In number, the amphoterics are a rather small class. In nature, the cephalins(脑磷脂) and sphingomyelins (神经鞘磷脂) as well as the lecithin (卵磷脂) are common.

The betaines(甜菜碱) are produced by the reaction of tertiary fatty amine with sodium chloroacetate.

$$R(CH_3)_2N+ClCH_2COONa \longrightarrow R(CH_3)_2N^+CH_2COO^-+NaCl$$

Betaines are useful surfactant bases for preparing high foaming, low-irritant shampoos. They can also be used as components of creme rinses and dishwashing compounds. They are effective over a wide pH range and are tolerant of hard water.

Due to its own structural characteristics, reflected in the solution emulsification, washing, anti-foaming and other superior features, the application of surfactants has been the daily chemical industry, research and development priorities.

The traditional function of surfactant is wet, washing, emulsifying, dispersing, foaming, defoaming, etc. , but in the use of nanotechnology by not only traditional functions of surfactant, but also by its structural features developed surfactant function of micro-reactor, coupling function, film features, functional group reaction function, precisely because of these special features of the application, it produces the ever-changing world of nanomaterials for the application of surfactant, for example, sodium dodecyl benzene sulfonate (SDBS) only ($C_{12}H_{25}SO_3Na$), is a typical anionic surfactant, the main advantage of the traditional use of the surface activity of decontamination. However, in the nanotechnology, its application is extremely broad , such as precipitation in the preparation of nanopowder materials, the coupling reaction for inorganic/ organic interface, as well as used as a template nanostructured films material. Therefore, the characteristics of surfactant and the law will help to develop the performance of surfactant in nanotechnology to generate creative results, principles and knowledge of surfactant in nanotechnology will help to design specific application and superior performance of nanomaterials for the benefit of mankind.

New Words and Technical Terms

amphoteric	*adj.*	两性的
anionic	*adj.*	阴离子的
cationic	*adj.*	阳离子的
nonionic	*adj.*	非离子的
sesquiester	*n.*	倍半酯
surfactant	*n.*	表面活性剂(的)
solubilizer	*n.*	增溶剂
ethoxylated fatty alcohol		乙氧基化脂肪醇
linear adduct		直链加合物
rinsing aids		漂洗助剂
POE (polyoxyethylene)		聚氧乙烯
polyoxyethylene fatty esters		聚氧乙烯脂肪酸酯
solvent-based cleaners		溶剂基清洗剂
dye leveling		匀染剂
water-repellent fabrics		防水织物
N-coca alkanolamide		椰油基烷醇酰胺
shaving cream		剃须膏
bubble bath		泡沫浴
cold cream		冷霜

表面活性剂工业中常用高碳醇有月桂醇(C_{12})、十四醇、十六醇、硬脂醇(C_{18})及油醇

(C_{18})，其名称及不同环氧乙烷(Ethylene Oxide：EO)数下 HLB 值见表 4-3。

表 4-3　某些高碳醇的英文名称及乙氧基化脂肪醇的 **HLB** 值

Alcohol	EO moles	HLB	EO moles	HLB
lauryl alcohol(十二烷醇，月桂醇)	2	6.5		
cetyl alcohol(十六烷醇，鲸蜡醇)	2	5.3	10	12.9
stearyl alcohol(十八烷醇，硬脂醇)	2	4.9	10	12.9
oleyl alcohol(十八烯醇，油醇)	2	4.9	10	12.4
lauryl alcohol(十二烷醇，月桂醇)	4	9.7	12	14.5
myristyl alcohol(十四烷醇，肉豆蔻醇)	4	8.8		
cetyl alcohol(十六烷醇，鲸蜡醇)	4	8.4	20	15.7
oleyl alcohol(十八烯醇，油醇)	4	8.4		

4.4 Cosmetics and Toiletries 化妆品和盥洗用品

(1) Introduction

The classification of cosmetic preparations are shown as the following: skin care products, cosmetic products with specific efficacy, oral care products, hair care products.

Skin care preparations. Skin care preparations are products which are applied for general skin care and may be intended either for whole-body care or for the care of specific areas only. They should replace to a great extent the skin surface lipid film that has been removed by bathing (cleaning) and provide the skin, predominantly the stratum corneum, with substances that had been removed or eluted during cleaning (e. g. the moisturizers).

These preparations should also protect the skin against the damaging influence of sun light, and other environmental influences.

A multitude of products exists that is capable of fulfilling the functions just described. Foremost are skin creams. These are W/O or O/W emulsions with variable water content. They allow the application and uniform distribution of skin care effective fats and fat-like ingredients in emulsion form over large skin areas. The great variety of suitable fatty base materials for the preparation of skin emulsions makes it possible to produce compositions of the desired consistency (viscosity), which are able to hold incorporated active ingredients in a stable form and to permeate even the horny layer of the skin.

Hair care products. For the assessment of the appearance of a fellow human being, the condition of the beard hair, hair color, and also the fit of the hair style have always been an essential factor.

(2) Cosmetic Materials

Surface active agents play very important roles in cosmetic formulations.

Foaming and cleansing agents are basic constituents of shampoos and cleansers.

Emulsifiers are essential in the preparation of creams and lotions.

Solubilizers bring incompatible ingredients together into homogenous solutions.

Wetting agents are required to prepare proper dispersion of fine particle powders in liquids/pastes such as color makeup. With such a variety of surfactants, the possibilities for today's cosmetic formulator are endless.

Many new surfactants have appeared since 1988. Of continuing importance the development of low irritation, non-stripping materials for both hair and skin.

The recently developed alkyl polyglycosides (APG), made from coconut based fatty, alcohols and corn glucose, feature minimum irritation potential and very mild action on both hair and skin, reportedly milder than the sultaines, the sulfosuccinates and the sarcosinates (肌氨酸盐). According to their manufacturers, you can shampoo daily with an APG-based shampoo without excessive defatting(脱脂) of the scalp.

Amino-acid based surfactants, e. g. acylglutamate (谷氨酸盐) with a pH close to that of human skin are very mild to skin and eyes, produce rich, easy to rinse lather, and leave an excellent feel on the skin. Improved surfactants continue to appear on the market every year.

(3) Global Chemicals for Cosmetics & Toiletries Market Outlook (2014-2022)

The Global Chemicals for Cosmetic and Toiletry Market accounted for $21. 3 billion and is expected to grow at a CAGR of 6. 55% from 2014 to 2022, reaching a value of $35. 4 billion by the year 2022. Demand for chemicals used in the skin care products is forecasted to increase 6. 2 percent yearly to $3. 4 billion by 2018. There is an increase in demand for natural or bio-based products. There are more growth opportunities for gentler products, preservatives. One of the major challenges posed by the manufacturers is to lessen the level of preservatives to avoid skin irritation.

Chemicals for Cosmetics & Toiletries Market is segmented by application, by product and by geography. Depending on the various applications, the market is segmented into Fragrances and Aroma Chemicals, Emollients and Moisturizers, Sunscreen Chemicals, Synthetic Emulsifiers, pH Adjusters, Cleansing Agents & Foamers, Conditioning Agents, Thickeners & Colorants. Based on the Products, it is categorized as Natural Products, Petroleum-based Products, Essential Oils, Fatty Acids, Botanicals, Aloe Vera and Inorganic Chemicals. By geography, the market is segmented into North America, Europe, Asia-Pacific and Rest of the World.

5 Energy Chemical Industry 能源化工

5.1 Coal and Natural Gas 煤与天然气

Coal

Coal is the organic mineral precipitate transformed from the chemical and physical reaction of the plant remains, which is the complex mixture of organic and inorganic substances. The main component of coal is organic substance. There are great differences among different kinds of coal, different parts of the same kind of coal, different coal seams of the same region. The reason for the various differences are closely related to the substances, environment and reactions of the materials that form the coal.

Plants are mainly composed of organic substances, but also contain a certain amount of inorganic substances. From the chemical point of view, the organic substances can be divided into four groups: sugar and its derivatives, lignin, proteins and lipids, but not all the plants can be transformed into coal, the formation of the coal has four conditions, namely: the ancient plant species; climatic conditions; natural and geographical conditions and the conditions of crystals movement and only with these four conditions at the same time, large reserves of the major coalfields can be transformed after their long and harmonious reaction. The formation of coal is a complex and lengthy process; it normally takes millions of years to hundreds of millions of years. Plants are gradually transformed into coal, from junior stage to senior stage, which are: plants, peat, lignite, bituminous coal, anthracite.

Coal, oil, and natural gas are the primary fossil energy. According to the forecasts of China National Petroleum Corporation, from 2010 to 2020, fossil energy will remain the dominant position in the global primary energy consumption. Based on the characteristics of coal resource, it is obvious that coal resource will remain China' major energy consumption in the decades.

Natural Gas

Natural Gas is a mixture of multi-component gas. Its main component is hydrocarbons, among which methane is the predominant one in addition to small amounts of ethane, propane and butane. Moreover, there are also hydrogen sulfide, carbon dioxide, nitrogen, and water vapor and traces of inert gas such as helium and argon. Under standard condition, methane to butane exist in the state of gas, above pentane are liquid. The matters which can affect the health of respiratory that natural gas produced in the process of combustion are quite rare. The amount of carbon dioxide natural gas produces is only about 40% of that of coal produces, releasing very little sulfur dioxide. What's more, after combustion of natural gas, there are no residue and waste water produced. Compared with coal, oil and other energy resources, natural gas possesses the advantages of the use of safe, high heat valve, cleanliness and other advantages.

New Words and Technical Terms

argon	*n.*	氩
anthracite	*n.*	无烟煤；硬煤
bituminous	*adj.*	含沥青的
combustion	*n.*	燃烧
fossil	*n.*	化石
geographical	*adj.*	地理学的
inert	*adj.*	惰性的
lengthy	*adj.*	漫长的
lipids	*n.*	脂类
lignin	*n.*	木质素
lignite	*n.*	褐煤
mineral	*n.*	矿物质
multi-		(拉丁语前缀)许多
peat	*n.*	泥煤，泥炭
precipitate	*n.*	沉淀物
protein	*n.*	蛋白质
respiratory	*adj.*	呼吸的
seam	*n.*	煤层
vapor	*n.*	水蒸气
helium	*n.*	氦气
high heat valve		热值高

5.2 Processing and Utilization of Coal 煤的加工与利用

Coal is an important energy source, also an important raw material in metallurgy and chemical industry, which is mainly used in combustion, carbonization, gasification, liquefaction and soon.

(1) Combustion

The purpose of burning coal should be to release their energy maximumly and quickly. In the combustion process of coal, it generates gas compound and the residues of solid carbon. The simplest gas compounds are methane and acetylene, and water gas can be produced at high temperature. The coal combustion process is chemical reaction that happens on the surface of coal. The reaction speed depends on the size of the coal surface and the quantity of supplied air, the larger the surface area of coal is, the more the amount of supplied air, then the faster the speed will respond.

(2) Coal Carbonization

It refers to the process in which coal is heated and decomposed in the absence of air, then generates coke (or semi-coke), coal tar, crude benzene, gas and other products. According to different final temperature at different heating condition, coal carbonization can be divided into three types:

900～1100℃ high temperature carbonization, also namely the coking; 700～900℃ medium temperature carbonization, 500～600℃ low temperature carbonization. High temperature carbonization (coking) is widely used. Its product, coke, is mainly used for blast furnace iron-making and foundry, and also can be used to produce nitrogen fertilizer and calcium carbide; coke oven gas is a kind of fuels, also an important chemical raw material. Coal tar can be used to produce fertilizer, pesticides, synthetic fiber, synthetic rubber, paints, dyes, pharmaceuticals, explosives and so on.

(3) Coal Gasification

It is a thermo-chemical process in which coal or coal coke as raw material, oxygen (air, enrichment of oxygen or pure oxygen), steam or hydrogen as gasification agent, the combustible part of coal coke is transformed into the fuel gas at high temperature by chemical reaction. The coal gasification process can be divided into five basic types: self-heated steam gasification, outside heated steam gasification, hydrogenation of coal gasification, the substitute of natural gas by manufacturing the combination of coal steam gasification and hydrogenation gasification, the substitute of natural gas by manufacturing the combination of coal steam gasification and methanation.

(4) Coal Liquefaction

It is an advanced clean coal technology by which the solid coal is turned into liquid fuels, chemical raw materials and products by chemical process. Coal liquefaction can be divided into direct liquefaction and indirect liquefaction. Direct liquefaction is to pyrolysis and hydrogenate coal molecules in the role of catalyst and solvent at high temperature (400℃ above) and high pressure (10MPa or above), directly converting into liquid fuel, and then further processed and refined into gasoline, diesel and other fuel oil. Coal liquefaction is known as hydroliquefaction. Indirect liquefaction of coal is a process in which all the coal is firstly gasified into synthetic gas, and then takes the coal-based synthetic gas (carbon monoxide and hydrogen) as raw materials which are catalyzed and synthesized into hydrocarbon fuel, chemical raw materials and products.

New Words and Technical Terms

acetylene	*n.*	乙炔
blast furnace	*n.*	鼓风炉
carbonize	*vt.*	碳化
carbonization	*n.*	炭化，干馏
coke	*n.*	焦炭，焦煤
combustible	*adj.* & *n.*	易燃的；易燃物
crude benzene		粗苯
diesel	*n.*	柴油
fertilizer	*n.*	肥料
foundry	*n.*	铸造
fuel oil	*n.*	燃油
gasification	*n.*	气化，渗碳
gasoline	*n.*	汽油

liquefaction	*n.*	液化
hydroliquefaction	*n.*	加氢液化
metallurgy	*n.*	冶金(学)
methanation	*n.*	甲烷化(作用)
pesticide	*n.*	杀虫剂，农药
pharmaceuticals	*n.*	医药
pyrolysis	*n.*	热解；高温分解
refine	*n.*	精炼；精制
synthetic	*adj.*	合成的
semi-		前缀，半
thermo-		前缀，热
calcium carbide		电石
coal tar		煤焦油；煤黑油
coke oven gas		焦炉煤气
blast furnace iron-making and foundry		高温炼铁和铸造
synthetic fiber		合成纤维
synthetic rubber		合成橡胶
self-heated steam gasification		自热式水蒸气气化
outside heated steam gasification		外热式水蒸气气化
hydrogenation of coal gasification		煤的加氢气化
the substitute of natural gas		代用天然气
combination of coal steam gasification and methanation		煤的水蒸气气化与甲烷化结合

5.3 Summary of Coal Chemical Technology 煤化工技术概述

Coal is the most abundant fossil resources in the world. In view of the situation of the rising oil price and promoting environmental protection, to develop the coal chemical industry, especially the new coal chemical industry and adjust our energy and chemical structure become increasingly important.

(1) Coal Chemical Industry

Coal chemical industry takes coal as raw material; change coal into gas, liquid, solid fuels and chemicals, and produce a variety of chemical products through chemical process. Coal chemical industry includes primary chemical processing of coal, secondary chemical processing of coal and deeply chemical processing, the coking, gasification, liquefaction of the coal, synthetic gas process, tar chemical process and calcium carbide acetylene chemical process of coal and so on. According to thc production process and different products, coal chemical industry can be mainly divided into coking, calcium carbide, coal gasification, coal liquefaction four main production chains, among which ammonia in coal coking, calcium carbide and coal liquefaction belong to the traditional coal chemical industry, while alcohol ether fuel cranked out through coal gasifiaction and olefine cranked out through coal liquefaction, coal gasification and so on belong to the modern coal chemical industry.

(2) Coal Chemical Technology

① Coking

The process in which coal is isolated from the air and decomposed under heat-flash is also known as coal carbonization. The main products of coal carbonization are coal coke, coal tar (benzene, toluene, etc.), coke oven gas (hydrogen, methane, ethylene, carbon monoxide, etc.), and refined ammonia. All these products have been widely used in chemical, medicine, dyes, pesticides and carbon industry.

② Coal Gasification

Coal gasification is the thermal process in which solid carbon is converted into combustible gas (gas mixture) with chemical agents under high temperature. In this process, air, water vapor and carbon dioxide are taken as the gasification agent. The reaction they occur with the carbon in the coal is known as heterogeneous reaction.

③ Coal Liquefaction

The so-called coal liquefaction is to convert organic matter of coal into fluidity products, whose purpose is to get and use liquid hydrocarbons to replace petroleum and its products, including the two technologies of direct liquefaction and indirect liquefaction. Coal liquefaction products have huge market potential and ask for high concentration in terms of process and engineering, which has become an important developing direction of China's new coal chemical technology and industry.

Ⅰ Direct Liquefaction

The direct liquefaction of coal was firstly invented by German scientist F. Bergius in 1913, whose principle is that the coal directly reacts with gaseous hydrogen with solvent under high temperature and pressure to increase the content of hydrogen in the coal and then turn into liquid finally.

Ⅱ Indirect Liquefaction

The indirect liquefaction of coal was firstly proposed by F. Ficher and H. Tropsch, the two chemists of German Royal Institute of Coal in 1923, so it is also known as F. Ficher-H. Tropsch (FT for short). The principle of the indirect coal liquefaction is that firstly synthesize gas ($CO+H_2$) based on coal, then based on the gas synthesize liquid hydrocarbon products in the function of catalyst.

New Words and Technical Terms

ammonia	*n.*	氨；氨气
agent	*n.*	药剂
crank out	*v.*	制成
coking	*n. & v.*	炼焦；焦化
ethylene	*n.*	乙烯
heterogeneous	*adj.*	非均相的
olefin	*n.*	石蜡
toluene	*n.*	甲苯(染料或火药的原料)

5.4 Coal Gasification Process 煤气化工艺

The process that coal is converted to gas through the gasification agent at certain temperature and pressure is known as coal gasification process. In this reaction process, coal as the raw material, gas containing oxygen (inculding air, oxygen, water vapor, CO_2 and so on) as the gasification medium, produce the gas whose main ingredients are CO, H_2, CH_4, CO_2, N_2, H_2O, C_mH_n, etc. through the pyrolysis of coal, combustion and gasification. Generally, the coal gas also contains H_2S, COS, CS_2, NH_3, HCN, halides, dust and other impurities.

(1) Basic Principle of Coal Gasification

Coal gasifiaction process consists of 10 basic reactions, the chemical equations are shown in Table 5-1.

Table 5-1 Basic Reactions in the Process of Coal Gasification

Basic reaction	Chemical equation
coal combustion	$C+O_2 = CO_2+393.9kJ/mol$ $C+1/2O_2 = CO+110.5kJ/mol$
reduction of carbon dioxide	$C+CO_2 = 2CO-167.8kJ/mol$
reaction of water-gas	$C+H_2O = CO_2+H_2-175.8kJ/mol$ $C+2H_2O = CO_2+2H_2-179.1kJ/mol$
transformation reaction	$CO+H_2O = CO_2+H_2+3.35kJ/mol$
reaction of methane formation	main reaction: $C+2H_2 = CH_4+75.0kJ/mol$ side reaction: $CO+3H_2 = CH_4+H_2O+250.3kJ/mol$ $2CO+2H_2 = CH_4+CO_2+247.3kJ/mol$ $CO_2+4H_2 = CH_4+2H_2O+253.7kJ/mol$

There are two purposes for the coal gasification: one is to produce gas fuel, other is to produce source gas for chemical synthesis. When producing gas fuel, the main reactions of coal gasification are combustion reaction, CO_2 reduction and water-gas reaction; while producing the raw gas, the main reaction are water-gas reaction and combustion reaction.

(2) Process of Coal Gasification

The process of coal gasification includes the preparation of coal, preparation of gasification agents (oxygen, steam station), coal gas production, coal gas purification, coal gas refining, the synthesis of methane and other main processes.

(3) Classification of Coal Gasification

The most common classification method bases on the movement of gas agent and coal in the furnace, by which the coal gasification process can be divided into fixed bed (or moving bed) coal gasification, fluidized bed coal gasification, entrained flow bed (or fluid injected) coal gasification, melting bed(molten salt bed) coal gasification process and so on.

5.5 Traditional and Modern Coal Chemical Products 传统与现代煤化工产品

Coal chemical industry can be divided into traditional coal chemical industry and modern coal chemical industry.

(1) Traditional Coal Chemical Products

The traditional coal chemical industry is mainly based on the coking coal, producing coke, coal tar and other products.

Coke is mainly used for blast furnace smelting of iron, copper, lead, zinc, titanium(钛), antimony(锑), mercury and other nonferrous metals, which acts as reducing agent, heating agent, and stock column skeleton. In addition, it is also used for mechanical casting, chemical gasification, the production of calcium carbide and processing ferroalloy.

Coking coal tar is one of the important products of coking industry. After further processing of the cut fraction of the tar, it can separate a variety of products. The main products extracted currently are:

① Naphthalene: it is used to prepare phthalic anhydride which can produce resins, engineering plastics, dyes, paint, pharmaceutical and others.

② Phenol: with its homologues can produce synthetic fibers, plastics, pesticides, pharmaceuticals, fuel intermediates, explosives and so on.

③ Anthracene: it is used to produce anthraquinone fuel and synthesize tanning agents and the paint.

④ Carbazole: it is the important raw material of dyes, plastics and pesticides.

⑤ Asphalt: it is the distillation residue of tar and the mixture of a variety polycyclic macromolecule, which can be used to prepare roof coating, moisture barrier, road construction, producing asphalt coke, electric stove and others.

New Words and Technical Terms

anthracene	*n.*	蒽
anthraquinone	*n.*	蒽醌
asphalt	*n.*	沥青
casting	*n. &v.*	铸件；铸造
carbazole	*n.*	咔唑
ferroalloy	*n.*	铁合金
naphthalene	*n.*	萘
resins	*n.*	树脂，松香；合成树脂
tanning	*n.*	制革法，鞣制
electric stove		电炉

moisture barrier	防潮层
producing asphalt coke	生产沥青焦
phthalic anhydride	邻苯二甲酸酐
roof coating	屋顶涂料
road construction	筑路
stock column skeleton	料柱骨架

(2) Modern Coal Chemical Products

Modern coal chemical industry mainly engages in deeply processing of coal, production of methanol, dimethyl ether, olefins and other products.

Methanol is versatile.

① Make up formaldehyde in the condition of oxidation: under the condition of high pressure, with pumice silver, catalyst and other solid catalysts make up formaldehyde in the direct oxidation. Currently, 40% domestic and abroad methanol is used for making up formaldehyde, which are synthesized resins, plastic and other chemical raw materials.

② Make up acetic acid in the condition of carbonylation: at low pressure, methanol and carbon monoxide make up acetic acid by carbonylation. The total amount of acetic acid shares more than 50% of its world production capacity.

③ Dimethyl ether can be obtained from methanol by dehydration in the presence of silica-alumina catalyst or ZSM-5 zeolite.

④ Obtain methyl *tert*-butyl ether(MTBE) from methanol: MTBE has the characteristic of good harmonizer. It is considered as the best gasoline improver from the consideration of environmental and engine operating.

⑤ Used as a fuel: methanol blended with gasoline or instead of gasoline as motor fuel has begun to use.

Dimethyl ether (DME) is also in a wide range of applications. It can make up methyl acetate and acetic anhydride through carbonylation, and also can be used as reagent for the synthesis of pharmaceutical, pesticide and fuel. In addition, it can also react with fuming sulfuric or sulfur trioxide to produce the dimethyl sulfate. What's more, DEM has a high cetane value, which can be directly used as motor fuel after liquefaction and its combustion effects are better than that of methanol fuel.

Ethylene is one of the world's largest chemical products in the output, which can be not only used to synthesize fiber, rubber, plastic and the raw material for synthesizing ethanol, but also used for the manufacture of vinyl chloride, styrene, ethylene oxide, alcohol, explosives and others as well as the a ripening agent of fruits and vegetables which is a proven plant hormones. Propylene is mainly used for the production of polypropylene, acrylonitrile, butyl alcohol, propylene glycol, epichlorohydrin and synthetic glycerin.

In a word, coal chemical products are wildly used. As for the coal-rich China, to develop coal chemical industry is bound to promote rapid growth of economy.

New Words and Technical Terms

acetic	*adj.*	醋的，乙酸的
acrylonitrile	*n.*	丙烯腈
butyl	*n.*	丁基
carbonyl	*n.*	碳酰基，羰基
carbonylation	*n.*	羰基化作用
cetane	*n.*	十六烷，鲸蜡烷
dimethyl	*adj.*	二甲基的
epichlorohydrin	*n.*	环氧氯丙烷，表氯醇(用于橡胶制造等)
formaldehyde	*n.*	甲醛
gasoline	*n.*	汽油
glycol	*n.*	乙二醇；甘醇
hormonizer	*n.*	调和剂
improver	*n.*	改良剂
olefins	*n.*	烯烃；链烯
propylene	*n.*	丙烯
pumice	*n.*	浮石
styrene	*n.*	苯乙烯
vinyl	*n.*	乙烯基

5.6 Petrochemical Industry 石油化学工业

5.6.1 Petroleum Refinery 石油炼制

(1) Generalization

A petroleum refinery is an installation that manufactures finished petroleum products from crude oil, natural gas liquids, and other hydrocarbons. Refined petroleum products include but are not limited to gasoline, kerosene, distillate fuel oil, liquefied petroleum gas, asphalt, lubricating oil, diesel fuel, and residual fuel. The core refining process is simple distillation (Figure 5-1).

Because crude oil is made up of a mixture of hydrocarbons, this first and basic refining process is aimed at separating the crude oil into its "fractions", the broad categories of its component hydrocarbons. Crude oil is heated and put into a distillation column and different products boil off and can be recovered at different temperatures. The lighter products-liquid petroleum gases (LPG), naphtha, and so-called "straight run" gasoline-are recovered at the lowest temperatures. Middle distillates-jet fuel, kerosene, distillates (such as diesel fuel)-come next. Finally, the heaviest products, residuum are recovered, sometimes at temperatures over 538℃.

The simplest refineries stop at this point. Other refineries reprocess the heavier fractions into lighter products to maximize the output of the most desirable products.

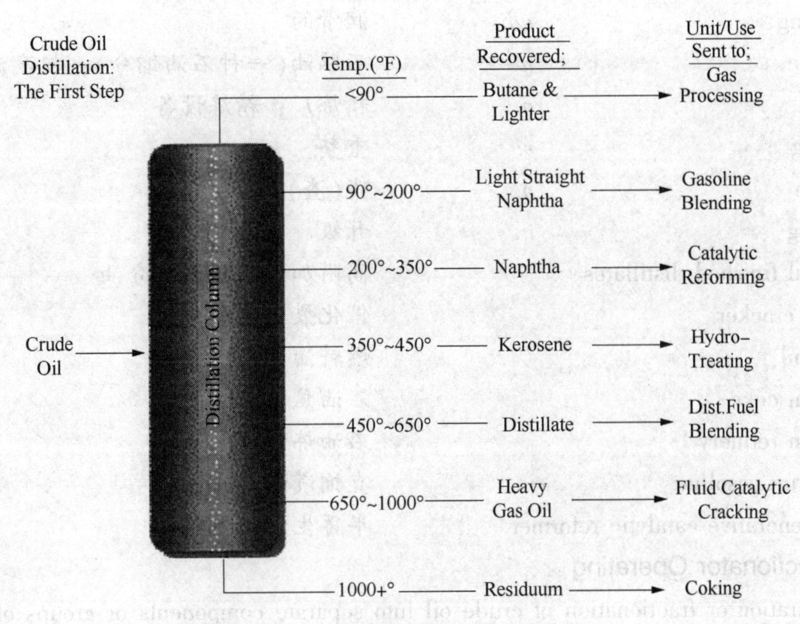

Figure 5-1 Simple Crude Oil Distillation

Downstream processing, following crude distillation, encompasses a variety of highly-complex units designed for very different upgrading processes. Some change the molecular structure of the input with chemical reactions, some in the presence of a catalyst, and some with thermal reactions.

In general, these processes are designed to take heavy, low-valued feedstock often itself the output from an earlier process-and change it into lighter, higher-valued output. A catalytic cracker, for instance, uses the gasoil (heavy distillate) output from crude distillation as its feedstock and produces additional finished distillates (heating oil and diesel) and gasoline. Sulfur removal is accomplished in a hydrotreater. A reforming unit produces higher-octane components for gasoline from lower-octane feedstock that was recovered in the distillation process. A coker uses the heaviest output of distillation-the residue or residuum-to produce a lighter feedstock for further processing, as well as petroleum coke.

New Words and Technical Terms

coker	*n.*	焦化装置；炼焦器
diesel	*n.*	柴油
distillate	*n.*	馏出物，馏分油
gasoline/gas oil	*n.*	汽油；瓦斯油，粗柴油
hydrotreater	*n.*	加氢处理装置
hydrocracker	*n.*	加氢裂化装置
hydrodesulfurization	*n.*	加氢脱硫
kerosene	*n.*	煤油
liquefy	*v.*	液化

lubricating	*adj.*	润滑的
naphtha	*n.*	石脑油(一种石油馏分); 粗汽油
refinery	*n.*	精炼厂; 精炼设备
reforming	*v.*	重整
residuum	*n.*	残(渣)油
upgrading	*n.*	升级
additional finished distillates		高附加值的精制馏分油
catalytic cracker		催化裂化装置
heating oil		燃料油
petroleum coke		石油焦
petroleum refinery		石油炼制
straight run gasoline		直馏汽油
semi-regenerative catalytic reformer		半再生催化重整

(2) Fractionator Operating

The separation or fractionation of crude oil into separate components or groups of components known as fractions in an distillation column called a fractionator operating at atmospheric pressure (Figure 5-2).

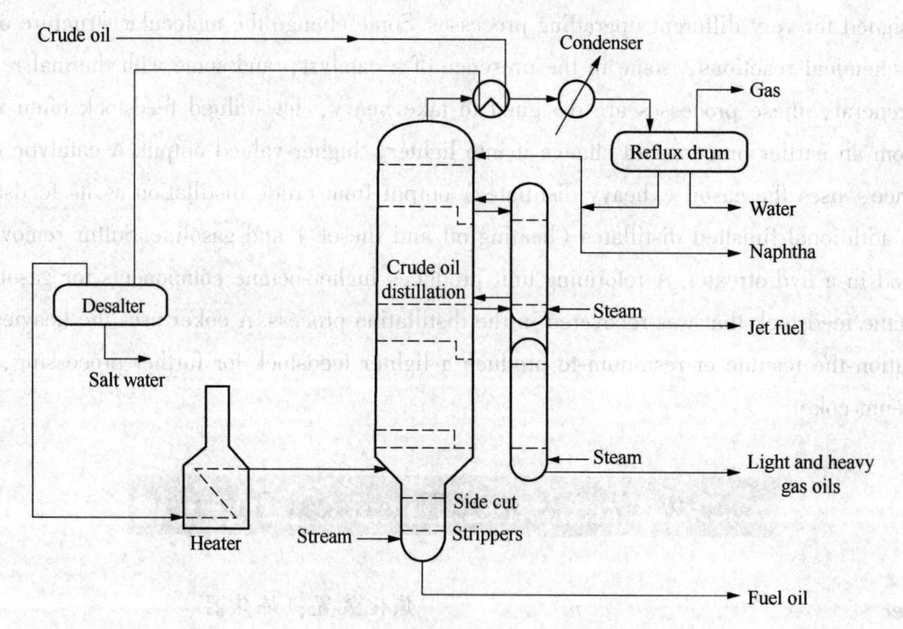

Figure 5-2 A Fractionator Operating

It is the first step in petrochemical refinery process in which the crude oil is first desalted and heated to around 370℃ in a furnace. It is then separated into fractions according to their boiling points such as butane, unstabilized naphtha, heavy naphtha, kerosene, and topped crude. This allows subsequent processing units to have feed stocks that meet particular specifications.

Vacuum distillation is used to separate the heavier portion of the crude oil into fractions that would require higher temperature to vaporize it at atmospheric pressure and cause cracking to occur. The fractionator consists of a tall cylindrical column containing perforated trays upon which liquid sits and is in intimate contact with vapor rising up the column through the perforations. Unlike conventional distillation, the column does not feature a reboiler. Instead, steam is introduced below the bottom tray to strip out any remaining gas oil and to reduce the partial pressure of the hydrocarbons. Reflux at the top of the column is provided by condensing the overhead vapor and returning a portion to the top. Side cut strippers are used withdraw a liquid side stream, which contains lower boiling point components, known as light ends. Steam is added and the vapor vented back into a higher position in the column.

During the distillation of a crude oil, considerable volumes of gas (methane, ethane, propane, butane) may be released, and in the various reforming and cracking processes in a refinery, further quantities of gas are generated as a result of breakdown of heavier fractions. Such gas has a higher calorific value than fuel oil and can therefore be used with advantage as a fuel for refinery process units.

However, there are often other demands on refinery gas since the lighter paraffins are readily converted to "synthesis gas" (carbon monoxide and hydrogen) which is a starting-point for the manufacture of many chemical products including methanol and ammonia and their derivatives. Ethlyene and propylene, if produced, are also valuable raw materials for petroleum chemical production.

Butane and butene can be maintained in the liquid state at ambient temperature under quite moderate pressure, and can therefore be marketed in steel containers which can safely be used in the home. Such liquefied petroleum gas (LPG) provides a convenient source of high calorific value fuel for heating and cooking in locations where electricity and town or natural gas are not available.

From A dictionary of Chemical Engineering, edited by Carl Schaschke.
Oxford University Press, UK. 2014, *p*89–90

New Words and Technical Terms

fraction	*n.*	馏分
fractionation	*n.*	分馏法
fractionator	*n.*	分馏器
specification	*n.*	说明书；规格
ambient temperature		环境温度，室温
light ends		轻馏分
side stream		侧线馏分
strippers		汽提塔
topped crude		拔顶原油
overhead vapor		塔顶蒸气
liquefied petroleum gas (LPG)		液化石油气

5.6.2 Oil Refining Process

Crude oil is a mixture of hydrocarbons. These hydrocarbon mixtures are separated into commercial products by numerous refining processes. Oil refineries are enormous complex processes, which involving a series of processes to separate and sometimes alter the hydrocarbons in crude oil. Figure 5-3 shows the major steps in the refining process. Figure 5-4 shows the pictorial view of fractional column.

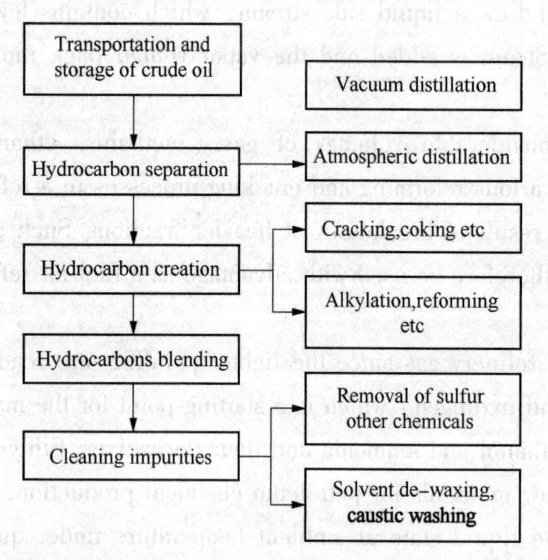

Figure 5-3 Major Steps of Process in Oil Refining

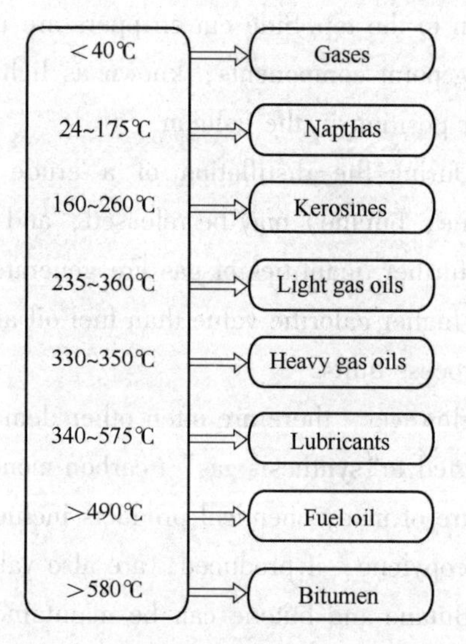

Figure 5-4 Pictorial View of Fractional Column

In crude oil refining process, fractional distillation is the main process to separate oil and gas. For this process a distillation tower is used, which operates at atmospheric pressure, leaving a residue of hydrocarbon with boiling point above 400℃ and more than 70 carbon atoms in their chain. The fractional column is cooler at the top than the bottom, so the vapors cool as they rise.

Figure 5-4 also shows the ranges of hydrocarbons in each fraction. Each fraction is a mix of hydrocarbons and each fraction has its own range of boiling points and is drawn off at a different level in the tower.

Petroleum refining has evolved continuously in response to changing consumer demand for better and different products from aviation gasoline and then for jet fuel, a sophisticated form of the original product, kerosene.

A summary of a detained process flow chart for the oil refining steps and the different catalysts used in the different process are presented in Table 5-2. The table also describes the different treatment methods for each of the refining phases.

Table 5-2 Details of oil refining process and various types of catalyst used

Process	Description	Catalyst/Heat/ Pressure used
Distillation	It basically relies on the difference of boiling point of various fluids. Density also has an important role to pay in distillation. The lightest hydrocarbon at the top and heaviest residue at the bottom are separate.	Heat

续表

Process	Description	Catalyst/Heat/ Pressure used
Coking and thermal process	The coking unit converts heavy feed stocks into solids coke and lower boiling point hydrocarbons, which are suitable for converting to higher value transportation fuel. This is a severe thermal cracking process to form coke. Coke contains high boiling point hydrocarbons and some-volatile, which are removed by calcining at temperatures 1095~1260℃. Coke is allowed sufficient time to remain in high temperature heater, insulated surge drums, hence called delayed coking.	Heat
Thermal cracking	The crude oil is subjected to both pressure and large molecules are broken into small ones to produce additional gasoline. The naphtha fraction is useful for making many petrochemicals. Heating naphtha in the absence of air makes the molecules split into shorter ones.	Excessive heat and pressure
Catalytic cracking	Converts heavy oils into high gasoline, less heavy oils, and lighter gases. Paraffins are converted to C_3 and C_4 hydrocarbons. Benzene rings of aromatic hydrocarbon are broken. Rather than distilling more crude oil, an alternative is to crack crude oil fractions with longer hydrocarbon. Larger hydrocarbons split into shorter ones at low temperatures if a catalyst is used. This process is called catalytic cracking. The products include useful short chain hydrocarbons.	Nickels, zeolites, acid treated natural alumina silicates, amorphous and crystaline synthetic silica, alumina catalyst
Alkylation	Alkylation or "polymerization"-forming longer molecules from smaller ones. Another process is isomerization where straight chain molecules are made into higher octane branched molecules. The reaction requires an acid catalyst at low temperatures and low pressures. The acid composition is usually kept at about 50%, making the mixture very corrosive.	Sulfuric acid or hydrofluoric acid, HF (1~40℃ and, 1~10 atm). Platinum on $AlCl_3/Al_2O_3$ catalyst used as new alkylation catalyst
Hydro-processing	Hydroprocessing (325℃ and 50 atm) includes both-hydrocracking (350℃ and 200 atm) and hydrotreating. Hydrotreating involves the addition of hydrogen atom to molecules without actually breaking the molecule into smaller pieces and improves the quality of various products (e. g. by removing sulfur, nitrogen, oxygen, metals, and waxes and by converting olefins into saturated compounds). Hydrocracking breaks longer molecules into smaller ones. This is a more severe operation using higher heat and longer contact time. Hydrocracking reactors contain fixed, multiple catalyst beds.	Platinum(Pt), tungsten(W), palladium(Pd), nickel (Ni), crystalline mixture of silica alumina. Cobalt (Co) and molybdenum(Mo) oxide on alumina nickel oxide, nickel thiomolybdate tungsten and nickel sulfide and vanadium oxides, nickel thiomolybdate are in most common use for sulfur removal and nickel molybdate catalyst for nitrogen removal.

续表

Process	Description	Catalyst/Heat/ Pressure used
Catalytic reforming	This uses heat, moderate pressure, and fixed bed catalysts to turn naphtha, short carbon chain molecule fraction, into high-octane gasoline components-mainly aromatics.	Catalyst used is a platinum(Pt) metal on an alumina(Al_2O_3)
Treating non-hydrocarbon	Treating can involve chemical reaction and /or physical separation. Typical examples of treating are chemical sweetening, acid treating, clay contacting, caustic washing, hydro-treating, drying, solvent extraction, and solvent dewaxing. Sweetening compounds and acids de-sulfurize crude oil before processing and treat products during and after processing	

A number of different solid catalysts are used in the oil refining process. They are in many different forms, from pellets to granular beads to dusts, made of various materials and having various compositions. Extruded pellet catalysts are used in moving and fixed bed units, while fluid bed process use fine, spherical, particulate catalysts. Catalysts used in processes that remove sulfur are impregnated with cobalt, nickel, or molybdenum. Cracking unit use acid-function catalysts, such as clay, silica alumina, and synthetic zeolites. Acid-function catalysts impregnated with platinum or other noble metals are used isomerization and reforming. Used catalysts require special handling and protection from exposure, as they contain metals, aromatic oils, carcinogenic polycyclic aromatic compounds, and may also be pyrophoric.

From The Petroleum Engineering Handbook: Sustainable Operations, edited by M. I. Khan, et al. Gulf Publishing Company, USA. 2007, *p*338-342.

New Words and Technical Terms

alumina	*n.*	氧化铝
amorphous	*adj.*	无固定形状的；非结晶的
bead	*n.*	(空心)微球
bitumen	*n.*	沥青
calcine	*v.*	煅烧
carcinogen	*n.*	致癌物
carcinogenic	*adj.*	致癌性的
granular	*adj.*	颗粒状的
hydrocracking	*n. &v.*	氢化裂解；加氢裂化
impregnate	*v.*	使饱和
naphtha	*n.*	石脑油；轻油；粗汽油

pyrophoric	*adj.*	自燃的
silica	*n.*	硅石，二氧化硅
silicate	*n.*	硅酸盐
zeolites	*n.*	沸石类
aviation gasoline		航空汽油
chemical sweetening		化学脱硫
delayed coking		延时焦化
extruded pellet catalysts		挤出式实心小球催化剂
fine, spherical, particulate catalysts		精制球形微粒催化剂
fluid bed process		流动床工艺
insulated surge drum		保温收集筒
jet fuel		航空涡轮发动机燃料
moving and fixed bed units		移动床和固定床装置
nickel thiomolybdate		硫代钼酸镍
pictorial view of fractional column		馏分数列图
process flow chart		加工流程图
sweetening compounds		脱硫化合物

5.7 Energy Industry 能源工业

The energy industry is the totality of all of the industries involved in the production and sale of energy, including fuel extraction, manufacturing, refining and distribution. Modern society consumes large amounts of fuel, and the energy industry is a crucial part of the infrastructure and maintenance of society in almost all countries. In particular, the energy industry comprises:

① traditional energy industry based on the collection and distribution of firewood, the use of which, for cooking and heating, is particularly common in poorer countries.

② the petroleum industry, including oil companies, petroleum refiners, fuel transport and end-user sales at gas stations;

③ the gas industry, including natural gas extraction, and coal gas manufacture, as well as distribution and sales;

④ the electrical power industry, including electricity generation, electric power distribution and sales;

⑤ the coal industry;

⑥ the nuclear power industry;

⑦ the renewable energy industry, comprising alternative energy and sustainable energy companies, including those involved in hydroelectric power, wind power, and solar power generation, and the manufacture, distribution and sale of alternative fuels.

Schematic of the global sources of energy in 2010 is presented in Figure 5-5.

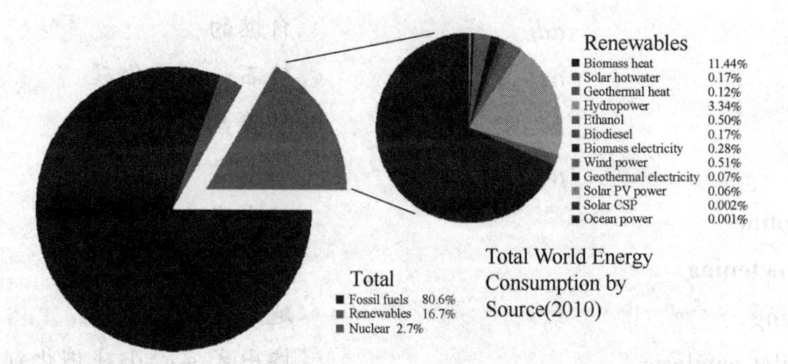

Figure 5-5 Schematic of the Global Sources of Energy in 2010

Total world energy consumption by source 2010, from REN21 2012 Global Status Report. Retrieved on 2016-08-15.

From Wikipedia, the free encyclopedia Further information: Outline of energy development

Outline of Energy Development

Energy development is the field of activities focused on obtaining sources of energy from natural resources. These activities include production of conventional, alternative and renewable sources of energy, and for the recovery and reuse of energy that would otherwise be wasted. Energy conservation and efficiency measures reduce the demand for energy development, and can have benefits to society with improvements to environmental issues.

Societies use energy for transportation, manufacturing, illumination, heating and air conditioning, and communication, for industrial, commercial, and domestic purposes. Energy resources may be classified as primary resources, where the resource can be used in substantially its original form, or as secondary resources, where the energy source must be converted into a more conveniently usable form. Non-renewable resources are significantly depleted by human use, whereas renewable resources are produced by ongoing processes that can sustain indefinite human exploitation. Thousands of people are employed in the energy industry.

The conventional industry comprises the petroleum industry, the natural gas industry, the electrical power industry, and the nuclear industry. New energy industries include the renewable energy industry, comprising alternative and sustainable manufacture, distribution, and sale of alternative fuels.

(1) Classification of Resources

Energy resources may be classified as primary resources, suitable for end use without conversion to another form, or secondary resources, where the usable form of energy required substantial conversion from a primary source. Examples of primary energy resources are wind power, solar power, wood fuel, fossil fuels such as coal, oil and natural gas, and uranium. Secondary resources are those such as electricity, hydrogen, or other synthetic fuels.

Another important classification is based on the time required to regenerate an energy resource. "Renewable" resources are those that recover their capacity in a time significant by human needs. Examples are hydroelectric power or wind power, when the natural phenomena that are the primary source of energy are ongoing and not depleted by human demands. Non-renewable resources are those that are significantly depleted by human usage and that will not recover their potential significantly during human lifetimes. An example of a non-renewable energy source is coal, which does not form naturally at a rate that would support human use.

(2) Fossil Fuels

Fossil fuel (primary non-renewable fossil) sources burn coal or hydrocarbon fuels, which are the remains of the decomposition of plants and animals.

There are three main types of fossil fuels: coal, petroleum, and natural gas. Another fossil fuel, liquefied petroleum gas (LPG), is principally derived from the production of natural gas. Heat from burning fossil fuel is used either directly for space heating and process heating, or converted to mechanical energy for vehicles, industrial processes, or electrical power generation. These fossil fuels are part of the carbon cycle and thus allow stored solar energy to be used today. Fossil fuels make up the bulk of the world's current primary energy sources. In 2005, 81% of the world's energy needs was met from fossil sources.

The technology and infrastructure already exist for the use of fossil fuels. Liquid fuels derived from petroleum deliver a great deal of usable energy per unit of weight or volume, which is advantageous when compared with lower energy density sources such as a battery. Fossil fuels are currently economical for decentralised energy use.

The combustion of fossil fuels leads to the release of pollution into the atmosphere. The fossil fuels are mainly carbon compounds. During combustion, carbon dioxide is released, and also nitrogen oxides, soot and other fine particulates. Other emissions from fossil fuel power station include sulfur dioxide, carbon monoxide (CO), hydrocarbons, volatile organic compounds (VOC), mercury, arsenic, lead, cadmium, and other heavy metals including traces of uranium.

Fossil fuels are non-renewable resources, which will eventually decline in production and become exhausted.

(3) Renewable Sources

Renewable energy is generally defined as energy that comes from resources which are naturally replenished on a human timescale such as sunlight, wind, rain, tides, waves and geothermal heat. Renewable energy replaces conventional fuels in four distinct areas: electricity generation, hot water/space heating, motor fuels, and rural (off-grid) energy services.

About 16% of global final energy consumption presently comes from renewable resources, with 10% of all energy from traditional biomass, mainly used for heating, and 3.4% from hydroelectricity. New renewables (small hydro, modern biomass, wind, solar, geothermal, and biofuels) account for another 3% and are growing rapidly.

① Hydroelectricity

Hydroelectricity is electric power generated by hydropower; the force of falling or flowing water. In 2015 hydropower generated 16.6% of the world's total electricity and 70% of all renewable electricity and is expected to increase about 3.1% each year for the next 25 years. The 22, 500 MW Three Gorges Dam in China is the world's largest hydroelectric power station.

② Wind

Wind power harnesses the power of the wind to propel the blades of wind turbines. These turbines cause the rotation of magnets, which creates electricity. Wind towers are usually built together on wind farms. There are offshore and onshore wind farms. Global wind power capacity has expanded rapidly to 336 GW in June 2014, and wind energy production was around 4% of total worldwide electricity usage, and growing rapidly. Wind power is widely used in Europe, Asia, and the United States. Several countries have achieved relatively high levels of wind power penetration, such as 21% of stationary electricity production in Denmark, 18% in Portugal, 16% in Spain, 14% in Ireland, and 9% in Germany in 2010. By 2011, at times over 50% of electricity in Germany and Spain came from wind and solar power. As of 2011, 83 countries around the world are using wind power on a commercial basis.

New Words and Technical Terms

arsenic	*n.* & *adj.*	三氧化二砷，砒霜；含砷(的)
cadmium	*n.*	镉
geothermal	*adj.*	地热的
hydroelectric	*adj.*	水力发电的
hydropower	*n.*	水力发电
megawatt	*n.*	兆瓦，百万瓦特(电能单位)
soot	*n.* & *v.*	煤烟，烟灰；弄得尽是煤烟
uranium	*n.*	铀
harness the power of the wind		利用风力

New renewables (small hydro, modern biomass, wind, solar, geothermal, and biofuels) account for another 3% and are growing rapidly. 新的可再生能源(小水电、现代生物能、风能、太阳能、地热和生物燃料)占3%，并正在迅速增长。

③ **Biofuels**

Abiofuel is a fuel that contains energy from geologically recent carbon fixation. These fuels are produced from living organisms. Examples of this carbon fixation occur in plants and microalgae. These fuels are made by a biomass conversion (biomass refers to recently living organisms, most often referring to plants or plant-derived materials). This biomass can be converted to convenient energy containing substances in three different ways: thermal conversion, chemical conversion, and biochemical conversion. This biomass conversion can result in fuel in solid, liquid, or gas form.

This new biomass can be used for biofuels. Biofuels have increased in popularity because of rising oil prices and the need for energy security.

Bioethanol is an alcohol made by fermentation, mostly from carbohydrates produced in sugar or starch crops such as corn or sugarcane. Cellulosic biomass, derived from non-food sources, such as trees and grasses, is also being developed as a feedstock for ethanol production. Ethanol can be used as a fuel for vehicles in its pure form, but it is usually used as a gasoline additive to increase octane and improve vehicle emissions. Bioethanol is widely used in the USA and in Brazil. Current plant design does not provide for converting the lignin portion of plant raw materials to fuel components by fermentation.

Biodiesel is made from vegetable oils and animal fats using transesterification, and can be used as a fuel for vehicles in its pure form, but it is usually used as a diesel additive to reduce levels of particulates, carbon monoxide, and hydrocarbons from diesel-powered vehicles. However, research is underway on producing renewable fuels from decarboxylation. In 2010, worldwide biofuel production reached 105 billion liters (28 billion gallons US), up 17% from 2009 and biofuels provided 2.7% of the world's fuels for road transport, a contribution largely made up of ethanol and biodiesel. Global ethanol fuel production reached 86 billion liters (23 billion gallons US) in 2010, with the United States and Brazil as the world's top producers, accounting together for 90% of global production. The world's largest biodiesel producer is the European Union, accounting for 53% of all biodiesel production in 2010. As of 2011, mandates for blending biofuels exist in 31 countries at the national level and in 29 states or provinces. The International Energy Agency has a goal for biofuels to meet more than a quarter of world demand for transportation fuels by 2050 to reduce dependence on petroleum and coal.

New Words and Technical Terms

biodiesel	*n.*	生物柴油
carbohydrates	*n.*	碳水化合物，糖类，淀粉质
cellulosic	*adj.*	有纤维质的
decarboxylation	*n.*	脱羧(作用)，脱羧反应
geologically	*adv.*	从地质上来说
lignin	*n.*	木质素
microalgae	*n.*	微藻类(指肉眼看不见的藻类)
mandate	*n.* & *v.*	授权，委任
sugarcane	*n.*	甘蔗
transesterification	*n.*	酯交换反应

④ Solar

Radiant light and heat from the sun, is harnessed using a range of ever-evolving technologies such as solar heating, solar photovoltaics, solar thermal electricity, solar architecture and artificial photosynthesis. Solar technologies are broadly characterized as either passive solar or active solar depending on the way they capture, convert and distribute solar energy. Active solar techniques include the use of photovoltaic panels and solar thermal collectors to harness the energy. Passive solar techniques include orienting a building to the Sun, selecting materials with favorable thermal mass or light dispersing properties, and designing spaces that naturally circulate air[1].

In 2011, the International Energy Agency said that "the development of affordable, inexhaustible and clean solar energy technologies will have huge longer-term benefits. It will increase countries' energy security through reliance on an indigenous, inexhaustible and mostly import-independent resource, enhance sustainability, reduce pollution, lower the costs of mitigating climate change, and keep fossil fuel prices lower than otherwise. These advantages are global. Hence the additional costs of the incentives for early deployment should be considered learning investments; they must be wisely spent and need to be widely shared.

New Words and Technical Terms

architecture	*n.*	(总体、层次)结构
distribute	*vt.*	配电，分配
inexhaustible	*adj.*	取之不尽用之不竭的
indigenous	*n.& adj.*	固有(的)
mitigate	*v.*	减轻，缓和
photovoltaic	*adj.*	光电池的
panel	*n.*	控制板
sustainability	*n.*	可持续性

译文[1]：依据捕获、转换和分配太阳能方式的不同，太阳能技术分为被动式太阳能技术和主动式太阳能技术。主动式太阳能技术包括使用光伏板和太阳能热收集器来利用能源。被动式太阳能技术包括将建筑物定向到太阳，选择具有良好热质量或光分散特性的材料，以及设计空气可自然循环的空间来利用太阳能的技术。

(4) Energy & Chemistry

Producing energy to sustain human needs is an essential social activity, and a great deal of effort goes into the activity. While most of such effort is limited towards increasing the production of electricity and oil, newer ways of producing usable energy resources from the available energy resources are being explored.

One such effort is to explore means of producing hydrogen fuel from water. Though hydrogen use is environmentally friendly, its production requires energy and existing technologies to make it, are not very efficient. Research is underway to explore enzymatic decomposition of biomass. Other forms of conventional energy resources are also being used in new ways. Coal gasification and liquefaction are recent technologies that are becoming attractive after the realization that oil reserves, at present consumption rates, may be rather short lived.

① See Alternative Fuels

Energy is the subject of significant research activities globally. For example, the UK Energy Research Centre is the focal point for UK energy research while the European Union has many technology programs as well as a platform for engaging social science and humanities within energy research.

The products of chemistry save energy by improving energy efficiency in our homes, offices and factories and by making cars and packaging more lightweight. Chemistry innovations also enable the sustainable technologies that are revolutionizing the way we generate and store energy-solar cells, wind turbines, rechargeable batteries and more.

② Chemistry Is Saving Energy

Building insulation saves up to 40 times the energy used to create it; plastic house wrap that creates a weather resistant barrier saves up to 360 times the energy used to produce it. Chemistry-driven plastic auto parts now make up 50 percent of the volume of today's new cars, dramatically reducing vehicle weight to significantly improve gas mileage-by up to seven percent for each 10 percent in weight reduction-while playing a critical role in helping improve vehicle safety. Chemistry enables compact fluorescent bulbs to "fluoresce" and to use 70 percent less energy than incandescent bulbs-and LED lighting could cut global energy demand by a whopping 30 percent. Replacing an old refrigerator with a new ENERGY STAR-qualified model-with improved insulation and coolant systems made possible by chemistry-saves enough energy to light an average house for nearly four months.

Chemistry Is Driving Clean Energy:

Solar power relies on silicon-based chemistry, and innovative new plastic solar panels are poised to reach the mass residential market. Wind power turbine blades are made using plastics and chemical additives, helping deliver renewable energy to our nation's electricity grid. Lithium-ion and lithium-polymer batteries employ chemistry to create rechargeable batteries for automobiles, military equipment, laptops, mobile phones, etc.

③ Ethyl Methyl Carbonate

Ethyl methyl carbonate is an environmemtally benign asymmetric carbonic ester. It can improve the battery energy density, discharge capacity, safety performance and life span of lithium batteries for its outstanding features such as low viscosity, high dielectric constant, and good solubility of lithium salts. So it is used as excellent organic electrolyte in lithium-ion batteries and will be applied broadly in the future[2].

New Words and Technical Terms

fluoresce	*vi.*	发荧光
fluorescent	*n. & adj.*	荧光灯；荧光的
incandescent	*adj.*	白炽的

译文[2]：碳酸甲乙酯是一种环境友好的不对称碳酸酯，它黏度低、介电常数高、对锂盐有良好的溶解性，能提高电池的能量密度和放电容量、增强电池的安全性能、延长电池使用寿命，因而被用作锂离子电池的有机电解液，有着广阔的应用前景。

6 Safety Engineering 安全工程

6.1 Safety Management 安全管理

(1) Accident Causation Models

The most important aim of safety management is to maintain and promote workers' health and safety at work, understanding why and how accidents and other unwanted events develop is important when preventive activities are planned. Accident theories aim to clarify the accident phenomena, and explain the mechanisms that lead to accidents.

All modern theories are based on accident causation models which try to explain the sequence of events that finally produce the loss. Safety practitioners concentrated on improving machine guarding, house-keeping, and inspections. In most cases an accident is the result of two things: the human act, and the condition of the physical or social environment[1].

Petersen extended the causation theory from the individual acts and local conditions to the management system. He concluded that unsafe acts, unsafe conditions, and accidents are all symptom of something wrong in the organizational management system. Furthermore, he started that it is the top management who is responsible for building up such a system that can effectively control the hazards associated to the organization's operation[2]. The errors done by a single person can be intentional or unintentional. Rasmussen and Jensen have presented a three-level skill-rule-knowledge model for describing the origins of the different types of human errors. Nowadays, this model is one of the standard methods in the examination of human errors at work.

A comprehensive model of accident causation has been presented by Reason who introduced the concept organizational error. He stated that corporate culture is the starting-point of the accident sequence. Local conditions and human behavior are only contributing factors in the build-up of the undesired event. The latent organizational failures lead to accidents and incidents when penetrating system's defenses and barriers. The concept of organizational error is in conjunction with the fact that some organizations behave more safely than others. It is often said that these organizations have good safety culture. After the Chernobyl accident, this term become well-known also to the public.

Loss prevention is a concept that is often used in the context of hazard control in process industry. Lees has pointed out that loss prevention differs from traditional safety approach in several ways. For example, there is more emphasis on foreseeing hazards and taking actions before accident occur. Also, there is more emphasis on a systematic rather than a trial and error approach. This is also natural, since accidents in process industry can have catastrophic consequences. Besides the injuries to people, the damage to plant and loss of profit are major concerns in loss prevention.

The future research on the ultimate causes of accidents seems to focus on the functioning and management of the organization. The strategic management, leadership, motivation, and the personnel's visible and hidden values are some issues that are now under intensive study[3].

(2) Safety Management as an Organizational Activity

Safety management is one of the management activities of a company. Different company has different management practices, and also different ways to control health and safety hazards. Organizational culture is a major component affecting organizational performance and behavior.

One comprehensive definition for an organizational culture has been presented by Schein who has said that organizational culture is "a pattern of basic assumptions-invented, discovered, or developed by a given group as it learns to cope with its problems of external adaptation and internal integration-that has worked well enough to be considered valid and, therefore, to be taught to new members as the correct way to perceive, think, and feel in relation to those problem"[4].

The concept of safety culture is today under intensive study in industrialized countries. Booth and Lee have stated that an organization's safety culture is a subset of the overall organizational culture. This argument, in fact, suggests that a company's organizational culture also determines the maximum level of safety the company can reach. The safety culture of an organization is the product of individual and group values, attitudes, perceptions, competencies, and patterns of behavior that determine the commitment to, and the style and proficiency of, an organization's health and safety management.

Furthermore, organizations with a positive safety culture are characterized by communications founded on mutual trust, by shared perceptions of the importance of safety, and by confidence in the efficacy of preventive measures.

There have been many attempts to develop methods for measuring safety culture. Williamson et al. have summarized some of the factors that various studies have shown to influence organization's safety culture. These include: organizational responsibility for safety, management attitudes towards safety, management activity in responding to health and safety problem, safety training and promotion, level of risk at the workplace, workers' involvement in safety, and status of the safety officer and the safety committee.

(3) Safety Policy and Planning

A status review is the basis for a safety policy and the planning of safety activities. According to BS 8800 a status review should compare the company's existing arrangements with the applicable legal requirements, organization's current safety guidelines, best practices in the industry's branch, and the existing resources directed to safety activities. A through review ensures that the safety policy and the activities are developed specifically according to the needs of the company.

A safety policy is the management's expression of the direction to be followed in the organization. According to Petersen, the safety policy should commit the management at all levels and it should indicate which tasks, responsibilities and decision are left to lower-level management[5]. Booth and Lee have stated that a safety policy should also include safety goals as well as quantified objectives and priorities. The standard BS 8800 suggests that in the safety policy, management should show commitment to the following subjects:

① Health and safety are recognized as an integral part of business performance;

② A high level of health and safety performance is a goal which is achieved by using the legal requirements as the minimum, and where the continual cost-effective improvement of performance is the way to do things;

③ Adequate and appropriate resources are provided to implement the safety policy;

④ The health and safety objectives are set and published at least by internal notification;

⑤ The management of health and safety is a prime responsibility of the management, from the most senior executive to the supervisory level;

⑥ The policy is understood, implemented, and maintained at all levels in the organization;

⑦ Employees are involved and consulted in order to gain commitment to the policy and its implementation;

⑧ The policy and the management system are reviewed periodically, and the compliance of the policy is audited on a regular basis;

⑨ It is ensured that employees receive appropriate training, and are competent to carry out their duties and responsibilities.

Some companies have developed so-called "safety principles" which cover the key areas of the company's safety policy. These principles are utilized as safety guidelines that are easy to remember, and which are often placed on wall-boards and other public areas in the company. As an example, the DuPont Company's safety principles are the following:

All injuries and occupational illness can be prevented;

Management is responsible for safety;

Safety is an individual's responsibility and a condition of employment;

Training is an essential element for safe workplaces;

Audits must be corrected;

All deficiencies must be corrected;

It is essential to investigate all injuries and incidents with injury potential;

Off-the-job safety is an important part of the safety effort;

It is good business to to prevent injuries and illnesses;

People are the most important element of the safety and occupational health program.

New Words and Technical Terms

catastrophic	*adj.*	灾难性的
guidelines	*n.*	指导方针，指导原则
implement	*vt.*	实施，执行
implementation	*n.*	安装启用
practitioner	*n.*	从业者
preventive	*n.* & *adj.*	预防措施；预防的
promotion	*n.*	提升，升级

subset	*n.*	子集
supervisory	*adj.*	监督的，管理的
trial and error		反复试验，试差法，试错法
Chernobyl		切尔诺贝利
house keeping		内务工作

Notes

译文[1]：大多数情况下，事故是由人的行为和自然或社会环境两方面造成。

译文[2]：此外，他(Petersen)提出，高级管理人员负有建立机构组织运作中可有效控制风险的职责。

译文[3]：项目战略管理、领导(能力)、激励(措施)和职员的显性和隐性价值(观)都是目前正在深入研究的影响安全风险控制的因素。

译文[4]：Schein 提出组织文化的综合定义，其基本模式是团队用于对外适应、对内整合、对新职员进行培训的有效解决风险预防控制问题的设想、发现或发展，以便教育新职员树立正确的感知观、安全观。

译文[5]：根据 Petersen 的说法，安全政策应该在各个层面上进行管理，并且应该指出下级管理层负有哪些任务、职责和决策权。

6.2 Basis Principles for Controlling Chemical Hazards 化学危险管理原则

Chemicals are considered highly hazardous for many reason. They may cause cancer, birth defects, induce genetic damage, and cause miscarriage, or otherwise interfere with the reproductive process. Or they may be a cholinesterase inhibitor, a cyanide, or other highly toxic chemical that, after a comparatively small exposure, can lead to serious injury or even death. Working with compounds like these generally necessitates implementation of additional safety precaution.

The goal of defining precisely, in measurable terms, every possible health effect that may occur in the workplace as a result of chemical exposures cannot realistically be accomplished. This does not negate the need for laboratory personnel to know about the possible effects as well as the physical hazards of the hazardous chemicals they use, and to protect themselves from these effects and hazards. Controlling possible hazards may require the application of engineering hazard controls (substitution, minimization, isolation, ventilation) supplemented by administrative hazard controls (planning, information and training, written policies and procedures, safe work practices, and environmental and medical). Personal protective equipment (e. g. gloves, goggles, coats, respirators) may need to be considered if engineering and administrative controls are not three will be necessary to control the hazards.

It should also be kept in mind that the risks associated with the possession and use of a hazardous chemical are dependent on a multitude of factors, all of which must be considered before acquiring and using a hazardous chemical[1]. Important elements to examine and address include: the knowledge of and commitment to safe laboratory practices of all who handle the chemical; its physical, chemical, and biological properties and those of its derivatives; the quantity received and the manner in which it is stored and distributed; the manner in which it is used; the manner of disposal of the substance and its derivatives; the length of time it is on the premises, and the number of persons who work in the area and have open access to the substance (the Preliminary Chemical Hazard Assessment Form can be used as part of this assessment). The decision to procure a specific quantity of a specific hazardous chemical is a commitment to handle it responsibly from receipt to ultimate disposal.

(1) Basic Hazard Control Rational

The basic principles for controlling chemical hazards can be broken down into three broad categories: engineering controls, administrative controls, and personal protective equipment[2]. Hazards must be controlled first by the application of engineering controls that are supplemented by administrative controls. Personal protective equipment is only considered when other control are not technically, operationally or financially feasible. Typically, combinations of all methods are necessary in controlling chemical hazards.

(2) Engineering Hazard Controls

Engineering hazard controls may be defined as an installation of equipment, or other physical facilities including, if necessary, the selection and arrangement of experimental equipment[3]. Engineering controls remove the hazard, either by initial design specifications or by applying methods of substitution, minimization, isolation, or ventilation. Engineering controls are the most effective hazard control methods, especially when introduced at the conceptual stage of planning when control measures can be integrated more readily into the design. They tend to be more effective than other hazard controls (administrative controls and personal protective equipment) because they remove the source of the hazard or reduce the hazard rather than lessen the damage that may result from the hazard. They are also less dependent on the chemical user who, unfortunately, is subjected to all of the frailties which befall.

Substitution refers to the replacement of a hazardous material or process with one that is less hazardous (e. g. the thermometers with alcohol to replace mercury or dip coating material rather than spray coating to reduce the inhalation hazard).

Minimization isthe expression used when a hazard lessened by the hazardous process. Hence, the quantity of hazardous materials used and stored is reduced, lessening the potential hazards.

Isolation is the term applied when a barrier is interposed between a material, equipment or process hazard and the property or persons who might be affected by the hazard.

Ventilation is used to control toxic and/or flammable atmospheres by exhausting or supplying air to either remove hazardous atmospheres at their source or dilute them to a safe level. The two types of ventilation are typically termed local exhaust and general ventilation. Local exhaust attempts to enclose the material, equipment or process as much as possible and to withdraw air from the physical enclosure at a rate sufficient to assure that the direction of air movement at all openings is always into the enclosure. General ventilation attempts to control hazardous atmosphere by diluting the atmosphere to a safe level by either exhausting or supplying air to the general area.

Local exhaust is always the preferable ventilation method but is typically more costly. For some situation, general ventilation may suffice but only if the following criteria are met: only small quantities of air contaminants are released into the area at fairly uniform rate; there is sufficient air movement between the person and contaminant source to allow sufficient air movement to dilute contaminant to a safe level; only materials of low toxicity or flammability are being used; there is no need to collect or filter the contaminant before the exhaust air is discharged into the environment (including the rest of the building), and the contaminant will not produce or other damage to equipment in the area or in any way affect other building occupants outside the general use area.

(3) Administrative Hazard Control

All of the aforementioned engineering hazard control methods, in order to exist or be effective require the application of "administrative hazard control" as either supplemental hazard controls or to ensure that engineering controls are developed, maintained, and properly functioning. Administrative hazard controls consist of managerial efforts to reduce hazards through planning, information and training (e. g. hazard communication), written policies and procedures (e. g. the Chemical Hygience Plan), safe work practices, and environmental and medical surveillance (e. g. work place inspections, equipment preventive maintenance, and exposure monitoring). Because they primarily address the human element of hazard controls, they are of vital importance and are always used to control chemical hazards.

(4) Personal Protective Equipment

As was mentioned earlier, when adequate engineering and administrative hazard controls are not technically, operationally, orfinancially feasible, personal protective equipment must be considered as a supplement[4]. "Personal protective equipment" (PPE) includes a wide variety of items worn by an individual to isolate the person from chemical hazards. PPE includes articles to protect the eyes, skin, and the respiratory tract. PPE may be only reasonable hazard control option, but for many reason it is the least desirable means of controlling chemical hazards. PPE users must be aware of, and compensate for these undesirable qualities. PPE does not eliminate hazards but merely minimizes damage from hazards. The effectiveness of PPE is highly dependent on the user. PPE is oftentimes cumbersome and uncomfortable to wear. Each type of PPE has specific applications, advantages, limitations, and potential problems associated with their misuse and those using PPE must be fully knowledgeable of these considerations. PPE must match the hazards and the condition of use and be properly maintained in order to be effective. Their misuse may directly or indirectly contribute to the hazard or create a new one. The material of construction must be compatible with the chemical's hazards and must maximize protection, dexterity, and comfort.

(5) Every Hazard Can Be Controlled

Not all the previously mentioned principles are applicable to controlling the hazards of every chemical, but all chemical hazards can be controlled by the application of at least one of these methods. Ingenuity, experience, and a complete understanding of the circumstances surrounding the control problem will be required in choosing methods which will not only provide adequate hazard control, but which will consider development, installation, and /or operating costs as well as human factors such as user acceptance, convenience, comfort, etc.

New Words and Technical Terms

choline	*n.*	胆碱
cholinesterase	*n.*	胆碱酯酶
contaminants	*n.*	污染物
cyanide	*n.*	氰化物
dexterity	*n.*	灵巧，熟练
enclosure	*n.*	密封
goggles	*n.*	护目镜
flammable	*adj.*	易燃的，可燃的
ingenuity	*n.*	设计新颖
inhalation	*n.*	吸入物
miscarriage	*n.*	流产，早产
precaution	*n.*	预防措施
premise	*n.*	前提，合同
respirator	*n.*	口罩，防毒面具
surveillance	*n.*	监督，监视
ventilation	*n.*	通风设备，通风方法

Notes

译文[1]：工作中也要记住，持有和使用有害化学物质的风险与多种因素有关，在获取和使用有害化学物质之前必须考虑所有的因素。

译文[2]：控制化学危害的基本原则可以分为三大类：工程控制、行政管理控制和个人防护设施。

译文[3]：项目工程风险控制可以定义为设备或者其他物理设施的安装，也包括必要实验设备的选择和设备布局安排。

译文[4]：如前所述，当适当的工程和行政管理风险控制在技术上、操作上或经济上都不可行时，个人防护设备就成了必要的补充措施。

7 Modern Chemical Industry 现代化工

7.1 Classification of Modern Chemical Industries 现代化工分类

Central to the modern world economy, the chemical industry comprises the companies that produce industrial chemicals, which are used as a wide variety of consumer goods and thousands of inputs to agriculture, manufacturing, construction, and service industries. Chemicals are nearly a \$3 trillion global enterprise, and the EU and US chemical companies are the world's largest producers.

There are many different processes and technologies involved in the chemical industry, as companies must take many steps to convert raw materials into usable chemicals. They often must process and refine the raw materials to get them into a pure form. Great precision is needed. If even a small amount of the material is not entirely pure, the final product could be ruined. Measurement, then, is an extraordinarily important aspect of the industry. Finally, different substances and materials are usually put through chemical reactions that yield the desired end results. Chemicals produced by the chemical industry are placed into several different categories as below.

Basic chemicals include polymers, petrochemicals, reaction intermediates, inorganic chemicals and fertilizers. The polymers and plastics are used for construction pipes, tools, materials like acrylics, appliances, electronic devices, transportation, toys, games, packaging, clothing and textiles like nylon and polyester, among many other products. Petrochemicals, which are derived from petroleum and other hydrocarbons, and fertilizers, which are used in massive quantities by the agricultural industry, are also included in the category of basic chemicals. Polymers come from petrochemical raw materials like liquefied petroleum gas (LPG), natural gas and crude oil or petroleum. Petrochemicals are also used for producing other organic chemicals as well as specialty chemicals.

Other basic industrial chemicals include synthetic rubber, pigments, resins, explosives and rubber products. Inorganic chemicals belong to the oldest chemical categories, and include daily products like salt, chlorine, soda ash, acids like nitric, phosphoric and sulfuric acids, caustic soda and hydrogen peroxide, which are vital for several industries. Fertilizers belong to the smaller category of basic chemicals and includes phosphates, ammonia and potash, which are used to supply the soil with nutrients for growing plants and agriculture.

Life sciences industry uses different chemicals and biological substances for manufacturing pharmaceuticals, animal health products, vitamins, crop protection and pesticides. This industry produces a small volume compared to other chemical sectors, but their products are most commonly very expensive. These life science products are produced with very detailed specifications and have to be of the better quality. There is a lot of money invested in investigation even before making the first marketable products. This industry is very strictly scrutinized by governmental agencies and authorities.

Specialty chemicals, often called fine chemicals, are produced by the chemical industry in smaller quantities and tend to cost far more money. It is a category of very high added value chemical products and is rapidly growing today thanks to scientific research and technology advances. They include special adhesives, electronic chemicals, industrial gases, sealants, and coatings.

Consumer chemicals are those chemicals produced by the chemical industry that are sold directly to consumer. These include such things as soap, detergents, and cosmetic products. The chemical industry is massive, producing at least hundreds of million of tons of chemicals each year. It is a vital part of the modern economy, and has wide-ranging effects in a variety of other industries. Automotive, pharmaceutical, consumer manufacturing, and cosmetics companies all rely heavily on the chemical products that are produced around the clock by chemical companies around the world.

New Words and Technical Terms

acrylic	*n.*	丙烯酸树脂
trillion	*n.*	万亿，兆
phosphoric	*adj.*	含(五价)磷的
phosphate	*n.*	磷酸盐
potash	*n.*	碳酸钾，苛性钾
sealant	*n.*	密封剂

7.2 Green Chemistry 绿色化学

Green chemistry, also called sustainable chemistry, is a philosophy of chemical research and engineering that encourages the design of products and processes that minimize the use and generation of hazardous substances. Whereas environmental chemistry is the chemistry of the natural environment, and of pollutant chemicals in nature, green chemistry seeks to reduce and prevent pollution at its source.

As a chemical philosophy, green chemistry applies to organic chemistry, inorganic chemistry, biochemistry, analytical chemistry, and even physical chemistry. While green chemistry seems to focus on industrial applications, it does apply to any chemistry choice. Click chemistry is often cited as a style of chemical synthesis that is consistent with the goal of green chemistry. The focus is on minimizing the hazard and maximizing the efficiency of any chemical choice.

Green chemistryprotects the environment, not by cleaning up, but by inventing new chemistry and new chemical processes that do not pollute. Green chemistry emphasizes renewable starting materials for a bio-based economy.

(1) Twelve Principles of Green Chemistry

① Prevention

It is better to prevent waste than to treat waste after it has been created.

② Atom Economy

Synthetic methods should be designed to maximize the incorporation of all materials used in the process into the final product.

③ Less Hazardous Chemical Syntheses

Wherever practicable, synthetic methods should be designed to use and generate substances that possess little or no toxicity to human health and the environment.

④ Designing Safer Chemicals

Chemical products should be designed to effect their desired function while minimizing their toxicity.

⑤ Safer Solvents and Auxiliaries

The use of auxiliary substances (e. g., solvents, separation agents, etc.) should be made unnecessary wherever possible and innocuous when used.

⑥ Design for Energy Efficiency

Energy requirements of chemical processes should be recognized for their environmental and economic impacts and should be minimized. If possible, synthetic methods should be conducted at ambient temperature and pressure.

⑦ Use of Renewable Feedstocks

A raw material or feedstock should be renewable rather than depleting whenever technically and economically practicable.

⑧ Reduce Derivatives

Unnecessary derivatization (use of blocking groups, protection/deprotection, temporary modification of physical/chemical processes) should be minimized or avoided if possible, because requiring additional reagents and can generate waste.

⑨ Catalysis

Catalytic reagents (as selectiveas possible) are superior to chemical reagents.

⑩ Design for Degradation

Chemical products should be designed at the end of their function they break down into innocuous degradation products and do not persist in the environment.

⑪ Real-time Analysis for Pollution Prevention

Analytical methodologies need to be further developed to allow for real-time, in-process monitoring and control prior to the formation of hazardous substances.

⑫ Inherently Safer Chemistry for Accident Prevention

Substances and the form of a substance used in a chemical process should be chosen to minimize the potential for chemical accidents, including releases, explosions, and fires.

(2) Green Chemical Products

The application of green chemistry concepts is becoming more widespread. The Green Chemistry and Consumer Network in the UK, for instance, alerts retailers and consumers around the world to new developments in safer product design.

① Green Paints

Many now recognize that volatile organic compounds (VOCs), the sources of paint smell, are harmful to health and the environment. Great strides have been made to bring home paints to the market that contain low or no VOCs. One company, Archer RC Paint, won a 2005 Presidential Green Chemistry Award with a bio-based paint which in addition to lower odor, has better scrub resistance and better opacity.

② Green Plastics

Some plastic products can be made from plant sugars from renewable crops, like corn, potatoes and sugar beets instead of non-renewable petroleum. For example, the U. S. -based company Nature Works LLC markets a bio-based polymer PLA, from corn which is used in food and beverage packaging, as well as a 100% corn fiber, ingeo, which is used in blankets and other textiles. Interface Fabrics uses PLA in their fabrics but also carefully integrates green chemistry principles when choosing dyes for their PLA based product lines. A collaboration of group have produced Sustainable Bio-materials Guidelines that outline a comprehensive sustainable life cycle approach from agricultural practices through to end of life recycling and composting[1].

③ Green Carpets in All Sorts of Places

In 2003, Shaw Carpet won a Presidential Green Chemistry Challenge Award with its carpet tile backing, EcoWorx replaces conventional carpet tile backings that contain bitumen, polyvinyl chloride (PVC) or polyurethane with ployolefin resins which have low toxicity. This product also provides better adhesion, does not shrink, and can be recycled. Carpets with EcoWorx backing are now available for our homes, schools, hospitals and offices.

These are just a few examples which demonstrate how some companies are integrating green chemistry principles into their product design.

(3) Trends of Green Chemistry

In 2005, American Nobel Prize winner R. Noyori identified three key developments in green chemistry the use of super-critical carbon dioxide as green solvent, hydrogen peroxide for clean oxidation and the use of hydrogen in asymmetric synthesis. Examples of applied green chemistry are super-critical water oxidation, on water reactions, and dry media reactions.

Bioengineering is also seen as a promising technique for achieving green chemistry goals. A number of important process chemicals can be synthesized in engineered organisms, such as shikimate, a Tamiflu precursor which is fermented by Roche in bacteria[2].

Attempts are being made not only to quantify the greenness of a chemical process but also to factor in other variables such as chemical yield, the price of reaction components, safety in handling chemicals, hardware demands, energy profile and ease of product workup and purification[3].

In one quantitative study, the reduction of nitrobenzene to aniline receives 64 points out of 100 marking it as an acceptable synthesis overall whereas a synthesis of an amide using HMDS is only described as adequate with a combined 32 points.

Green chemistry is seen as a powerful tool that researchers must use to evaluate the environmental impact of nanotechnology. As nanomaterials and the processes to make them must be considered to ensure their long-term economic viability[4].

New Words and Technical Terms

aniline	*n.*	苯胺
bitumen	*n.*	沥青，柏油
composting	*n.*	堆制肥料
ingeo	*n.*	聚乳酸纤维
opacity	*n.*	不透明性
polyurethane	*n.*	聚氨基甲酸酯
polyvinyl	*n.*	乙烯基聚合物
shikimate	*n.*	莽草酸盐
carpet tile backing	*n.*	地毯背衬
HMDS (Hexamethyl Disilazane)	*n.*	六甲基二硅氮烷

Notes

译文[1]：Interface Fabrics 公司在他们的纺织物中使用聚乳酸，并精细整合绿色化学原则为基于聚乳酸的产品系列选择染料。公司合作共同制定了可持续发展材料指南，该指南勾勒出一个全面的可持续发展的生物循环方法，该方法贯穿农业耕作到生命周期的结束和堆肥。

译文[2]：生物工程技术可实现绿色化学目标。许多重要化学品都可以在工程化的有机体中合成，如莽草酸盐就是 Roche 公司在细菌中发酵生成的达菲前体。

译文[3]：人们正尝试不仅要量化化学工程的绿色环保，而且要将绿色环保技术分解成其他变量，如化学产率、反应组分的价格、化学品的使用安全性、硬件需求、能源概况以及产品检查和纯化的简易性。

译文[4]：绿色化学被视为研究人员评估纳米技术对环境影响时必须使用的一种强大工具。随着纳米材料的开发，纳米产品和生产过程对环境和人类健康的影响必须纳入考虑范围，以确保产品长期的经济可行性。

7.3 Chemical Product Design 化工产品设计

Chemical product design is the procedure by which customer needs are identified and translated into commercial products. Chemical products can be divided into three categories. First, there are new specialty chemicals which provide a specific benefit: pharmaceuticals are the obvious example. Second, there are products whose microstructure, rather than molecular structure, creates value, such as paint and ice cream. The third category of chemical products is devices which effect chemical change, an example is the blood oxygenator used in open-heart surgery.

In most cases, chemical products like these have high added value but are made in small amounts in generic equipment. This is in stark contrast to commodity chemicals, which are produced in large volumes at small profit margins in dedicated equipment. Commodity chemical manufacture centers on the design of the chemical process.

Chemical product design includes deciding what to make and how to make it[1]. Consider four chemically-based products: an amine for scrubbing acid gases, a pollution-preventing ink, an electrode separator for high power batteries, and a ventilator for a well insulated house. These four products may seem to have nothing in common. The amine is a single chemical species capable of selectively reacting with sulfur oxides. The ink is a chemical mixture, including a pigment and a polydisperse polymer resin. The electrode separator is a mechanical device which provides a safeguard against explosion if the battery accidentally shorts out by preventing the migration of chemical species. The ventilator provides fresh air, maintains humidity levels in the house and recovers the energy carefully secured by insulating the house in first place[2].

What these products do have in common is the procedure by which they can be designed. In each case, we begin by specifying what is need. Next, we think of ideas to meet this need. We then select the best of these ideas. Finally, we decide what form the product should take and how it can be manufactured.

The type of chemical products which we are discussing is completely different. Their design is different from that of chemical processes. Their profit potential arises not so much from their efficient manufacture, more from their special function[3]. They are likely to be made in batch and using generic equipment, or may themselves be small pieces of equipment. Process efficiency may be less significant than time to reach the market place[4].

In process design we normally begin by knowing what the product is, and how much we want to make. Usually it is a commodity chemical of well define purity. Ethylene and tererphthalic acid are good examples. This chemical will be sold into an already existing commodity market. The focus of process design is efficient manufacture. This is most often achieved by using a continuous process, requiring optimized and dedicated equipment, which is thoroughly energy integrated.

This type of careful process design is essential in order to compete successfully in the commodity chemical business, where margins are small and direct competition fierce[5].

New Words and Technical Terms

oxygenator	*n.*	充氧器
polydisperse	*n.*	多相分散
terephthalic	*n.*	对苯二酸

Notes

译文[1]：化工产品设计包括生产产品类型名称和生产方式的确定。

译文[2]：通风设备维持住宅的通风环境与湿度，并能在保证住宅绝缘的首要前提下安全地恢复住宅电力供应。

译文[3]：这些化工产品的设计过程与它们的生产过程截然不同。能给这些产品带来更多潜在利润的不只是它们的生产效率，更重要的是产品的特殊功能。

译文[4]：这类产品的市场销售比生产效率更为重要。

译文[5]：为能在利润微薄和竞争激烈的化工产品产业中立于不败之地，对产品进行精确的生产过程设计显得格外重要。

7.4 Graphene 石墨烯

The Nobel Price in Physics for 2010 was award to Andre Geim and Konstantin Novoselov at the University of Manchester "for groundbreaking experiments regarding the two-dimensional material graphene".

Graphene is an allotrope of carbon. The unique properties of it such as its incredible strength and, at the same time, its little weight have raised high expectations in modern material science. Graphene, a two-dimensional crystal of carbon atoms packed in a honeycomb structure, has been in the focus of intensive research. In this material, carbon atoms are arranged in a regular hexagonal pattern. Graphene can be described as a one-atom thick layer of the mineral graphite (many layers of graphene stacked together effectively form crystalline flake graphite). Among its other well-publicized superlative properties, it is very light, with a 1-square-meter sheet weighing only 0.77 milligrams. The carbon bond length in graphene is about 0.142 nanometers. Graphene sheets stack to form graphite with an interplanar spacing of 0.335 nm. Graphene is the basic structural element of some carbon allotropes including graphite, charcoal, carbon nanotubes and fullerenes. It can be also considered as an indefinitely large aromatic molecule, the limiting case of the family of flat polycyclic aromatic hydrocarbons.

Previously, descriptions such as graphite layers, carbon layers, or carbon sheets have been used for the term graphene. It is incorrect to use for a single layer a term which includes the term graphite, which would imply a three-dimensional structure. The term graphene should be used only when the reactions, structural relations or other properties of individual layers are discussed. In this regard, graphene has been referred to as an infinite alternant (only six-member carbon ring) polycyclic aromatic hydrocarbon (PAH). The largest known isolated molecule of this type consists of 222 atoms and is 10 benzene rings arcoss. It has proven difficult to synthesize even slightly bigger molecule, and they still remain "a dream of many organic and polymer chemists".

Furthermore, a graphene sheet is thermodynamically unstable with respect to other fullerene structure if its size is less than about 20 nm ("graphene is the least stable structure until about 6,000 atoms") and becomes the most stable one (as within graphite) only for sizes larger than 24,000 carbon atoms. The flat graphene sheet is also known to be unstable with respect to scrolling, i.e. curling up, which is its lower-energy state.

A definition of "isolated or free-standing graphene" has also recently been proposed: "graphene is a single atomic plane of graphite, which-and this is essential-is sufficiently isolated from its environment to be considered free-standing." This definition is narrower than the definitions given above and refers to cleaved, transferred and suspended graphene monolayers.

Other forms of graphene, such as graphene grown on various metals, can also become free-standing if, for example, suspended or transferred to silicon dioxide (SiO_2). A new example of isolated graphene is graphene on silicon carbide (SiC) after its passivation with hydrogen.

In essence, graphene is an isolated atomic plane of graphite. From this perspective, graphene has been known since the invention of X-ray crystallography. Graphene planes become even better separated in intercalated graphite compounds. In 2004, physicists at the University of Manchester and the institute for Microelectronics Technology, Czechoslovakia, Russia, first isolated individual graphene planes by using adhesive tape. They also measured electronic properties of the obtained flakes and showed their unique properties. In 2005 the same Manchester Geim group together with the Philip Kim group from Columbia University demonstrated that quasiparticles in graphene were massless Dirac fermions. These discoveries led to an explosion of interest in graphene.

Since then, hundreds of researchers have entered the area, resulting in an extensive search for relevant earlier papers. The Manchester researchers themselves published the first literature review. They cite several papers in which graphene or ultra-thin graphitic layers were epitaxially grown on various substrates.

There was little interest in this graphitic residue before 2004/2005 and, therefore, the discovery of graphene is often attributed to Andre Geim and colleagues who introduced graphene in its modern incarnation.

In 2008, graphene produced by exfoliation was one of the most expensive materials on Earth, with a sample that can be placed at the cross section of a human hair costing more than $ 1,000 as of April 2008 (about $ 100,000,000/cm^2) . Since then, exfoliation procedures have been scaled up, and now companies sell graphene in large quantities. On the other hand, the price of epitaxial graphene on SiC is dominated by the substrate price, which is approximately $ 100/cm^2 as of 2009. Byung Hee Hong and his team in South Korea pioneered the synthesis of large-scale graphene films using chemical vapor deposition (CVD) on thin nickel layers, which triggered chemical researches toward the practical application of graphene, with wafer sizing up to 30 inches (760 nm) reported.

In 2011, the Institute of Electronic Materials Technology and Department of Physics of Warsaw University announced a joint development of acquisition technology of large pieces of graphene with the best quality so far.

New Words and Technical Terms

allotrope	*n.*	同素异形体
crystallography	*n.*	结晶学；晶体学
exfoliation	*n.*	脱落，脱落物
epitaxial	*adj.*	（晶体）取向附生的，外延的
fullerene	*n.*	富勒烯

fermions	*n.*	费米粒子
graphene	*n.*	石墨烯(石墨的单原子层)
graphite	*n.*	石墨
incarnation	*n.*	前身；典型体现
intercalated	*adj.*	夹层的
interplanar	*adj.*	晶面间的
lamellar	*adj.*	薄片状的
Manchester	*n.*	曼彻斯特(英国英格兰西北部城市)
superlative	*adj.* & *n.*	最高级的；最高程度
quasiparticle	*n.*	准微粒

8 Practical Writing 实用写作

实用写作包括日常交流中的电子邮件、备忘录、个人简历、求职信；科技交流中科技报告，以及其他一些常用的科技文书，如产品手册和说明书等。科技报告的写作涉及实验报告、研究报告、可行性研究报告、科技论文等不同文体的写作。不同类型的文体，写作格式要求不同。

8.1 Principles and Skills of the English Topic of Scientific Papers 科技论文英文题目的撰写原则及技巧

科技论文英文题目(title)是论文内容的高度概括，是论文最重要的浓缩的信息点，即文章主要观点及论点，是读者最先看到的信息，其撰写原则为准确(accuracy)，简练(brevity)和清晰(clarity)，即**题目撰写的 A B C 原则**。所以题目一定要**简明扼要、重点突出、反映主题**。

(1) 写好 SCI 论文题目的四大原则

① 主题突出原则

英文题目应准确切题，反映中心，便于索引；要将重要内容前置，突出中心，准确使用题名的必要结构要素来完整表达文献主题，并充分反映论文创新内容。

表达方式上，多用名词词组、动名词来表达，重要的词放在文题的起始，如 association，application，determination，effect，detection，establishment 等词所引导短语都是研究的中心内容。

② 规范原则

因为学术研究特别强调准确，所以科技文体写作必须措辞准确、表达客观、逻辑严密、行文简洁、词义明确、含义固定，这是科技文体所共有的文体特征。因此，在 SCI 论文题名写作时语言表达要合乎 SCI 论文写作的规范标准。

③ 简明原则

好的英文题目应是高度概括、言简意赅。在完整、准确概括全文内容基础上，用尽量少的文字恰当反映所研究的范围和深度，不可夸大其词、以偏概全，也不可缩小研究范围、以偏代全。信息处理上，遵循科技写作中语言运用的最小信息差原则以谋求最大信息量的输出；选词力求精炼，文题中心词突出。

④ 得体原则

科技论文的行文要符合科技文体的特点，保持文体的严肃性，是为得体。

总之，题目在论文中起着至关重要的作用。论文题目应能准确地概括论文的内容，提纲挈领，点明主题，吸引读者，便于检索。

要写好英文题目，需要熟记常用句式结构及英语习惯表达，力求重点突出，行文准确、规范、简洁、得体。同时需注意英、汉语题目在语言结构和词序安排上有其相同之处，也存在许多不同的特点。

(2) 英文题目书写的大小写规则

英语的十大词类分为实词和虚词：实词包括名词、动词、代词、形容词、副词和数词，它们在句中可以单独担任句子成分；虚词包括冠词、介词、连词和感叹词，它们在句中不能单独担任句子成分。

英文题目的大小写规则如下：

1）实词首字母大写，虚词小写。如：

① Determination of Total Anthraquinones in Rhubarb by Spectrophotometry

(分光光度法测定大黄中总蒽醌化合物).

② Body Language and Human Communication(肢体语言与人类交流)

2）位于首位或末尾的虚词也大写。

如：On the Principles of Tourism

3）位于题目中冒号之后的副标题的首位词首字母大写。

如：Efficacy of Partial Meal Replacement Products：A Meta and Pooling Analysis (部分饮食替代品的效能——汇总合并分析)

4）五个字母以上的虚词通常也大写。

如：The People Without a Country

5）由连字符"-"连接的复合词的各词中，实词的首字母大写。

如：The English-Speaking People in Quebec

6）在科技论文的题目中，引导动词不定式的"to"字母T通常大写。

如：Compounds To Be Tested

需要说明的是英文题目的大小写还有两种情况，但不适用于本科毕业论文。

一是题目的所有字母都大写；二是在有些专业杂志中，题目中只有第一个词的首字母大写，其余均小写，但专有名词的首字母仍大写。

如：Is dietary cholesterol co-carcinogenic for human colon cancer?

(胆固醇饮食是人类结肠癌的协同致癌因素吗?)

(3) 英文题目的拟订原则及撰写技巧

英文题目的撰写既要保证语言结构和词序排列的正确，又要符合意义表达的A B C原则，遵循如下要求：

① 名词性词组原则

英文题目通常由名词性短语构成，即由一个或多个名词加上其前置定语或后置定语构成，因此题目中常出现名词、形容词、介词、冠词和连词，若出现动词，一般是现在分词、过去分词或动名词。以短语形式来表达句子，结构言简意赅，组织严密，可以把更多的信息融于一体，使彼此的逻辑关系更明确。

英文题目采用的短语结构有：名词+动词不定式；名词或名词短语+过去分词；现在分词短语；介词短语结构；名词或名词短语+介词短语；以动词形式开始的短语结构等。如：在英文题目 Solidification of Sn-Pb Alloy Droplets Prepared by Uniform Droplet Spray(通过均匀喷涂产生锡铅合金微粒的固化)中，Solidification 是名词；Prepared by …是过去分词短语；都用于修饰 Alloy Droplet。

撰写英文题目时，一个简单有效的方法是寻找出一个可以反映论文核心内容的主题词，依次进行扩展成为名词短语，使之包含论文的关键信息，并注意词语间的修饰要恰当，并且每条标题一般是 10~12 个词，最多不要超过 25 个词。如还不能足以概括全文内容，可用副标题加以补充说明。如：Laboratory Diagnosis of SARS（SARS 的实验室诊断）；First International Conference on Wireless Innovations：New Technologies and Evolving Policies（首届国际无线改革会议——新技术与发展政策）。需要说明的是如果论文题目是疑问句，句尾一般有问号；但如果是完整的陈述句，句尾没有句号。

② Study、Report、Aim 等词的位置和首位冠词省略原则

英文题目中各个词的顺序安排有个是否符合语言习惯的问题。在英文题目中如 A Study of/on…（of 和 on 可互换，意义相同），A Report of/on…，The Survey of/on…，The Observation on/of…，The Design of…，The Research on…等词一般放在题目的首位；而在汉语题目中这些词相应的汉字多放在标题的末尾。如：The Research of Special Surface in 3-Dimensional Euclidean Space（三维欧氏空间中特殊曲面的研究）。

现代科技论文题目趋向简明扼要：即位于首位的冠词（The，An，A 等）可以省略（但文题中间的"the"不能省）。如：Research on Special Surface in 3-Dimensional Euclidean Space（省略首位 The）；不影响意义时，英文题目首位的 A Study of，Report of，Research on，The Survey of，Design of，The Observation on 等词往往可以略去不用。如下面例句中位于首位的 A Study of 就被省略了。

The Increase of Endurance of Muscular Strength of Primary and Secondary School Students（对中小学生肌肉耐力增长趋势的研究）。

（4）英文题目撰写应注意的问题

① 英文题目应符合英文词序习惯

如："基于 MFC 的服务器管理系统的设计"，其原英文题目译为："The Server Resource Management System Based on MFC Design"；其正确的词序应当是：（The）Design of the Server Resource Management System Based on MFC 。

② 英文题目应正确表达汉语题目的含义

如："工厂物流设计及其在企业中的应用"，其原英文题目译为："Application of Factory Logistics Designing in Enterprise"；为准确表达汉语标题的含义，应当改为：Design of Factory Logistics and Its Application in Enterprise 。

8.2 Types，Structure and Stylistic Requirements of the Abstract 论文摘要的种类、结构与文体要求

论文摘要（Abstract）相当于论文概要（Summary），是论文的浓缩，是作者对研究过程、目的、方法和研究结果的简要陈述和概括，其结构与论文的主体结构相对应。下面主要介绍英文摘要种类、功能与结构和撰写的基本原则。

摘要一般分为信息性摘要和指示性摘要两类。大部分科技期刊和会议论文要求提供信息性摘要。论文摘要的撰写应遵循准确、简明、清楚、完整的原则。

（1）信息性（报道性）摘要（Informative Abstract）

信息性摘要即报道性摘要，也称资料性摘要，它是原文内容要点的具体总结，主要由四个部分组成：①研究目的（Objective or Purpose）；②研究过程与采用的方法（Process and

Method)；③主要成果或发现(Results or Findings)；④主要结论和建议(Conclusion and Recommendation)。有的摘要的第一部分还包括背景介绍或文献回顾(Background Information/literature Review)。文体的语态与时态要求：被动语态使用较多；叙述研究方法、目的，报道研究结果，陈述结论，提出建议或描述一般规律，都使用一般现在时，因为科学的结论往往具有普遍真理的性质；介绍研究过程使用过去时态；如果句子的内容是对某种研究趋势的概述，则使用现在完成时。

下面是一篇题目为《稀甲酸水溶液热分解》论文的英文题目及其信息性摘要的范文。

Title：Thermal Decomposition of Dilute Aqueous Formic Acid Solution

Abstract：The aqueous-phase oxidation of formic acid and formate **has been studied** in a batch autoclave reactor at 260℃ and 2MPa of O_2. The formate **is converted** to bicarbonate whereas formic acid，besides oxidation，decomposes by at least two different routes，namely a dehydration or a decarboxylation. In particular the second one **is** dependent on the reactor vessel used. **It is shown** to be catalyzed by a mixture of oxides of stainless steel components. The presence of CH_3COOH or CH_3CHO **promotes** the decomposition of HCOOH by way of both decarboxylation and oxidation. In any case formic acid **is** a relatively short-lived intermediate in the wet-oxidation process.

(2) 指示性摘要(Indicative/Descriptive Abstract)

指示性摘要即介绍性摘要，也称陈述性摘要。它主要介绍论文的论题，或者概括表述研究目的，用简单几句使读者对论文所研究的主要内容有概括的了解，不需要介绍方法、结果、结论等具体内容，也不需要用数据进行定量描述。

指示性摘要只讲述论文的主题思想，不涉及或很少涉及细节问题，但要指明文献的论题和所取得的成果的性质及所达到的水平。

一般情况下，作者应首选信息性摘要，因为它具体而实用。但多数摘要并不完全是信息性或指示性的，常常是二者相结合(Informative/Indicative Abstract)。信息性摘要中加入指示性叙述可使摘要简明，指示性摘要中加入信息性内容又使摘要详细，二者互补，使摘要既能充分反映论文最重要的事实与概念，又能节省篇幅。摘要长度应根据文献及摘要用途而变化。一般来讲，指示性摘要以100～150个词为宜。而学术论文的信息性摘要的长短约为正文字数的2%至3%；国际标准化组织建议不少于250个词，最多不超过500个词。

本科毕业论文的摘要属于信息性摘要，一般要求约500～800字左右(限一页)，是信息性摘要的扩展，外文摘要内容应与中文摘要一致。

8.3 Common Sentence Patterns and Expressions in Scientific Paper Writing 科技论文写作的常用句型和表达方法

(1) 已有研究结果或相关知识的回顾介绍

句型中斜线后的词是可替换的同义词或近义词，可从中选取一词使用。

① This paper **reviews** the method for dealing with…

② This articles **summarizes/outlines/devoted to/concerned with/confined to** …

③ This is a problem **concerned with/concerning/related to/relating to/bearing on/dealing with** …

④ It give an introduction to/a description of/an **explanation** of…

⑤ It is **well/proper/appropriate** to do …

(2) 阐明研究目的

① The study has been started **in the hope of/that** …

The study has been started**with the view to do/in order to** do…

The study has been started **to the end that/so that** …

The study is **intended/designed to** do…

② The chief/main/primary/major/principle **aim/purpose/object/objective/goal** of the study is…

③ Performing the study, we **hope that/intend to do/expect to do** …

④ The **emphasis** is on/placed on…

⑤ Interface structure **is emphasized** in the article because…

(3) 陈述论文观点

① This paper **presents** the mathematical model and its algorithm used for…

② This paper **reports** the preparation and the quantum confinement effects of …

③ This method **has many advantages over** those available …

This method **is advantageous in** many aspects (as) compared with…

(4) 介绍研究范围和研究过程

① This paper **contains** the specific topics on…

② The **scope/field/domain of** the study **covers/includes/contains/outlines** …

③ make an analysis/a study of…

make **a comparison of A with** /and B

make **a comparison between** A and B

④ Given/Knowing…, we can find out…

⑤ The theory **holds/maintains/claims/implies that** …

⑥ Direct application of this law **yields/gives/produces/results in/leads to**…

(5) 阐明论证

① It is **notes** that several peaks can be found in…

② The results **provides** that a sound basis for…

③ Sublimated products **is confirmed by** …

④ The study of those properties **indicates/identifies** …

⑤ The experimental results **demonstrate/prove** that…

⑥ The graph/plot of A **as a function of /versus/against**/B

The graph/plot of **the dependence of A on /the variation of A with** B

⑦ It is **clearly/obviously/evident/apparent** that…

Clearly/Obviously/Evidently/Apparently, …

⑧ The theory **comes/stems/emerges/originates from** …

The theory **is obtained/provided/furnished from** …

⑨ There is evidence **to show/indicate/suggest that** …

⑩ A **study/analysis** of…shows that…

A **comparison between** A and B shows that…

A **comparison of** A with/and B shows that…

The experiment **failed to show/demonstrate** …

The experiment **has not shown/demonstrated** …

(6) 说明实验过程

① The samples of pyroelectric ceramics were collected by…

② Its values **range/vary from** A to B.

Its values **range/vary between** A and B.

③ … remain(s)/stay(s) **constant/unchanged/fixed/unaltered/the same** .

… is/are **kept/held/maintained/left constant** /the same.

④ We have performed/done/made/conducted a number of experiments to **test/verify/prove/check** the theory.

(7) 展示研究结果

① The result obtained **agree with/is in agreement with/in consistent with/ is in line with/fits into** the computer simulation.

② This parameter is/gives an indication of/indicative of …

This parameter indicates…

③ be directly/inversely proportional to…

vary/depend directly/inversely with…

be in direct/inverse proportion to…

(8) 介绍结论

① On the basis of these…, the following **conclusions** can be drawn.

② In **conclusion**, the results shows…

③ …put forward/developed/proposed/advanced/suggested/created/constructed/ formulated/elaborated this theory, based on/rested on/proceeds from…

(9) 进行评述

① One of/Among **the great advantages of** this method is its simplicity.

② … is/are **widely used/in use** .

… is/are **in wide use** .

… find(s) **wide use/application.**

③ This equation **holds true for/is true for/is valid for/holds for /applies to. . .**

④ This deserves/**bears/requires/demands/calls for** further research/effort/study/work/investigation.

⑤ The **key** to the problem is…

The **crux/heart/essence/main aspect** of the problem isd

⑥ This should **attract/arouse/gain/receive/have our attention.**

8.4 Key Points in English Writing for Scientific Papers 科技论文的英文写作要点

(1) Abstract 摘要

1) The characteristics of abstract

① Chinese abstract：400-500words；English abstract 250-300words；

② No examples，no tables，no quotation；

③ Use formal words，use academic words；

④ Include the main points of your paper；

⑤ Make your points clear and specific；

⑥ Let the reader know the conclusion of your paper.

2）Sentence patterns for writing an abstracts

This paper（article，thesis）presents（shows，provides，expresses）…本文提出……；

This paper（article）holds（deems）…本文认为……. ；

This paper（article）introduces（reports，explains，analyses，emphasizes，summarizes）…本文介绍……；

This paper（article）explores（probes into）…本文探讨……. ；

This paper（article）focus on …本文集中研究……；

This paper aims to …本文研究目的是……；

This paper makes a tentative study，makes brief introduction of …. 本文对……作了尝试性研究，对……作了简介。

3）Linguistic feature of Abstract

① Present tense；

② Avoid using first and second person pronouns；

③ Use complex sentences，words and avoid contractions and informal language.

（2）Content 论文内容

1）A unified point of view(third-person)；

2）Delete any fact or view that is irrelevant，unimportant or repetitive；

3）Sentence patterns.

① Transitions

Listing：

first(ly)，…，second(ly)，…，finally，…；intially…，consequently…，next；

Indicating addition or similarity：

also，…/besides，…/in addition，…/additionally /furthermore，moreover，…/

as well /，…likewise，in like manner，the same way；

Indicating contrast：

however，…/nevertheless，. . ，on the other hand，…，on the contrary，

in contrast /conversely；

Giving a reason：

for this reason，…/because…/because of…/duo to…/owing to/since…as…for；

Indicating result：

therefore，…/thus，…/as a result，…/consequently，…hence…so

Exermplifying：

for example，…/for instance，…/to exemplify，…to illustrate…

take…as an example/instance.

(3) Conlusion 结论

1) Restate the thesis in a new way 重申主题；

2) Summary points 概括正文；

3) Point out exceptions and limitation 指出已证明的观点适用于某些情况；

4) Look into the future 联系实际，展望未来。

(4) 参考文献格式

1) 作者姓名采用"姓在前名在后"原则，如 Malclm Richard Cowley 应为 Cowley，M. R.，如果有两位作者，第一位作者方式不变，& 之后第二位作者名字的首字母放在前面，姓放在后面，如：Frank Norris 与 Irving Gordon 应为：Norris F. & I. Gordon；

2) 书名、报刊名使用斜体字。

(5) Literature Review 文献综述

文献综述要求作者既要对所查阅的主要观点进行综合整理、陈述，还要根据自己的理解和认识，对综合整理后的文献进行比较后，作专门的、全面的、深入的、系统的论述和相应的评价，而不是文献"堆砌"。

1) Review the related theory (e. g. feminism，psycho-analysis；metacognitive strategies；eco-linguistics)

2) Critically review the related studies (abroad and domestic)

3) Indicate the gap in the existing research and lead to your research questions.

(6) Tense 时态

Research results：past tense or present tense；

Past tense is used to describe the result of a particular experiment or present tense is used for generalization or conclusions.

(7) Table of contents 目录页

要点：

1) 目录中可出现一级标题和二级标题，最好不要出现三级标题；

2) 目录要与正文标题一致、页码对应；

3) 目录中标题要体现正文框架结构的逻辑顺序；

4) 目录中标题全部使用名词性词组。

(8) Gratitude Expression 致谢

1) Norminalization

thanks；gratitude；indebtedness；thankfulness；gratefulness；appreciations

2) verbs

thank；appreciate；(would like to；want to；wish to)；dedicate to

3) adjs

grateful；thankful；appreciative；indebted

4) adjs and advs

wholehearted (ly)；sincere (ly)；genuine (ly)；particularly；instrumental (helpful)；heartfelt；primary；special

8.5 Examples of Practical Writing 实用写作示例

8.5.1 Abstracts 摘要

(1) A Review of Subcritical Water as a Solvent and Its Utilization for the Processing of Hydrophobic Organic Compound

The popularity of using subcritical water as a solvent to extract a variety of organic compounds has grown over the last 10 years. A number of review articles have identified subcritical water as an effective solvent, catalyst and reactant for hydrolytic conversions and extractions. The aim of this paper is to review the literature that describes subcritical water purely as a solvent for solubilizing HOCs. The literature reviewed includes publications on subcritical water extraction, publications on the measurement of the solubility of organic compounds in subcritical water, the use of the solubility data in solubility modeling and a recently developed particle formation technique.

(2) Extraction, Isolation and Characterization of Bioactive Compounds from Plants' Extracts

Natural products from medicinal plants, either as pure compounds or as standardized extracts, provide unlimited opportunities for new drug leads because of the unmatched availability of chemical diversity. Owing to an increasing demand for chemical diversity in screening programs, seeking therapeutic drugs from natural products, interest particularly in edible plants has grown throughout the world. Botanicals and herbal preparations for medicinal usage contain various types of bioactive compounds. The focus of this paper is on the analytical methodologies, which include the extraction, isolation and characterization of active ingredients in botanicals and herbal preparations. The common problem and key challenges in the extraction, isolation and characterization of active ingredients in botanicals and herbal preparations are discussed. As extraction is the most important step in the analysis of constituents present in botanicals and herbal preparations, the strengths and weaknesses of different extraction techniques are discussed. The analyses of bioactive compounds present in the plant extracts involving the applications of common phytochemical screening assays, chromatographic techniques such as HPLC and TLC as well as nonchromatographic techniques such as immunoassay and Fourier Transform Infra Red (FTIR) are discussed.

(3) Hydrodesulfurization of Sulfur-Containing Polyaromatic Compounds in Light Oil

Deep hydrodesulfurization of polyaromatic sulfur-containing compounds (PASC) in light oil was carried out by using Co-Mo/Al_2O_3 under experimental conditions representative of industrial practice. PASC were determined by gas chromatography atomic emission detection (GC-AED) and gas chromatography-mass spectroscopy (GC-MS). Alkyl-substituted dibenzothiophenes among sulfur-containing compounds in light oil were most different to desulfurize. Dialkyl-substituted dibenzothiophenes, especially 4,6-dimethyldibenzothiophene, remained until the final stage of the reaction (390℃) while alkylbenzothiophenes were completeyl desulfurized at 350℃.

New Words and Technical Terms

alkylbenzothiophenes	*n.*	烷基苯并噻吩
assay	*n.*	化验
botanical	*adj.*	植物学的
chromatographic	*adj.*	色谱法的
herbal	*adj.*	草本的
hydrolytic	*adj.*	水解的
immunoassay	*n.*	免疫分析
phytochemical	*adj.*	植物化学的
subcritical	*adj.*	亚临界的
solubility	*n.*	溶解度
solubilizing	*adj.*	增溶的
therapeutic	*adj.*	有益于健康的
unmatched	*adj.*	无敌的
HPLC	abbr.	high performance liquid chromatography 高效液相色谱法
TLC	abbr.	thin layer chromatography 薄层色谱法
FTIR	abbr.	Fourier transform infrared spectroscopy 傅里叶变换红外光谱法

8.5.2 Specification 说明书

A Specification

Face Cream Specification

Anti-aging Body Lotion for Pregnant Women

A unique body cream is based on a revolutionary formula, having a rich and non-oily texture which is immediately absorbed by the skin. The cocktail of vitamins blended into the lotion provides the skin with a firm, velvety texture and has an intoxicating aroma. Vitamin A encourages the generation of collagen, provides essential energy, improves the flexibility of the skin and slows down aging. Vitamin E, the main anti-oxidant in the body protects the skin from the harmful effects of sun rays, calms and preserves the moisture and the flexibility of the skin. It is also enriched with Jojoba oil, Shea butter, Evening Primrose Oil, Sea Buckthorn, Calendula Oil, Green Tea Extract, Aloe Vera, Omega 3 and 6 as well as active Dead Sea minerals.

The result: the richness of the ingredient leaves you with soft, supple, moist and firm skin and wonderful sensation of rejuvenation. It is especially recommended for use by pregnant women, after childbirth and when dieting.

Direction for use: every day after bathing, supply a generous amount of the cream especially to the area of the elbows, thighs and chest.

New Words and Technical Terms

aloe vera *n.* 真芦荟制品
botanical *adj.* 植物学的
calendula *n.* 金盏花属植物
Evening Primrose Oil *n.* 夜来香油，月见草油
intoxicating *adj.* 醉人的；(指酒类)蒸馏的(非发酵)
jojoba *n.* 加州希蒙得木
rejuvenation *n.* 返老还童，恢复活力
Sea Buckthorn 沙棘
sensation *n.* 感觉
supple *adj.* (身体)柔软/灵活/易弯曲的
thighs *n.* (thigh 的名词复数)，股，大腿
shea butter *n.* 牛油树脂

8.5.3 Order Sheet 订货单

Order Sheet

July 1, 2016

Dear Sir/Madam,

We have the pleasure of placing the following order with you on the terms and conditions as set forth.

Article: ABC Lubricants

Description: Exactly the same as Sample 2

Quantity: 1,000 tons

Unit Price: US $ 3,000 per ton C. I. F Los Angeles Ca. USA

Amount: US $ 3,000,000

Shipment: During March

Packing: ABC Lubricants case

Shipping Marks: (omitted)

Insurance: AAR for full invoice amount plus 10%

Payment terms: Draft at 30 d/s under an irrevocable L/C

Remarks: Certificate of quantity and shipment samples to be sent by air mail prior to shipment.

Yours Faithfully,

S. David

---

9 Introduction to Analytical Instruments 分析仪器简介

9.1 Gas Chromatographic Instrumentation 气相色谱仪

A gas chromatograph (GC) is an analytical instrument that measures the content of various components in a sample.

The analysis performed by a gas chromatograph is called gas chromatography:

The sample solution injected into the instrument enters a gas stream which transports the sample into a separation tube known as the"column"(hydrogen or nitrogen is used as the carrier gas).

The various components are separated inside the column.

The detector measures the quantity of the components that exit the column.

To measure a sample with an unknown concentration, a standard sample with known concentration is injected into the instrument.

The standard sample peak retention time and area are compared to the test sample to calculate the concentration.

A gas chromatograph (GC) consists of a source of carrier gas, the flow rate of which can be fixed at a desired magnitude within the range provided; an inlet that can be heated (25 to 500℃); a column(packed or capillary column) in a thermostatted air bath (25 to 400℃); and a detector suitable for vapor-phase samples.

The high temperature are needed to vaporize the solutes of interest and maintain them in the gas phase. The inlet and detector are generally maintained at a temperature approximately 10% (in ℃) above that of the column(in any case, above 100℃ for flame-ionization detectors) to ensure rapid volatilization of the sample and to prevent condensation. The temperature of the column is usually set at least 25℃ higher than the boiling point of the solute to maintain a reasonably high vapor pressure at the operating temperature.

The most commonly used gas-chromatographic column is packed column, which consists of a tube filled with solid particles of fairly uniform size; the particles are coated with the liquid stationary phase. Capillary gas chromatography is a technique complementary to the use of packed columns. The latter are to be preferred when available resolution is adequate and the highest quantitative is desired.

9.2 Atomic Absorption Spectrometry 原子吸收光谱法

Atomic absorption spectrometry (AAS) is one of the most important techniques for the analysis and characterization of the elemental composition of materials and samples. Among the most common techniques for elemental analysis are flame emission, atomic absorption, and atomic fluorescence spectrometry.

All these techniques are based on the radiant emission, absorption, and fluorescence of atomic vapor. The key component of any atomic spectrometric method is the system for generating the atomic vapor(gaseous free atom or ion) from a sample, that is, the source. The most widely used sources are the flame and electrothermal atomizers.

The choice and development of an appropriate source for an atomic absorption measurement was the key step in the emergence of atomic absorption spectrometry as an analytical method. The primary source that the hollow-cathode lamp, which provides an almost ideal source for the atomic absorption measurement, whose wavelength exactly matched to that of analyte and the bandwidth essentially ideal for the atoms in the flame.

9.3 Ultraviolet and Visible Spectrophotometer 紫外-可见分光光度计

Photometric methods are the frequently used of all spectroscopic methods, and ultraviolet and visible absorption spectrometry (UV/Vis) is a powerful tool for quantitative analysis of samples free from turbidity in chemical research, biochemistry, chemical analysis, and industrial processing.

The amount of visible or other radiant energy absorbed by a solution is measured; since it depends on the concentration of the absorbing substance, it is possible to determine quantitatively the amount present. Colorimetric methods are based on the comparison of a colored solution of unknown concentration with one or more colored solutions of known concentration. In spectrophotometric methods, the ratio of the intensities of the incident and the transmitted beams of light is measured at a specific wavelength by means of a detector such as a photocell.

The absorption spectrum also provides a "fingerprint" for qualitatively identifying the absorbing substance since the shape and intensity of UV/Vis absorption bands are related to electronic structure of the absorbing species. The molecule is often dissolved in a solvent to acquire the spectrum. Unfortunately, the spectra are often broad and frequently without fine structure. For this reason, UV absorption is much less useful for the qualitative identification of functional groups or particular molecules than analytical methods such as MS, IR, and NMR.

The measurement of absorption of ultraviolet-visible radiation is of a relative nature. One must continually compare the absorption of the sample with that of an analytical reference or blank to ensure the reliability of the measurement.

The rate at which the sample and reference are compared depends on the design of the instrument. In single-beam instruments, there is only one light beam or optical path from the source through to the detector. Thus, there is usually an interval of several seconds between measurements. Alternatively, the sample and reference may be compared many times a second, as in double-beam instruments. There are two main advantages of double-beam operation over single-beam operation. Very rapid monitoring of sample and reference help to eliminate errors due to drift in source intensity, electronic instability, and any changes in the optical system.

9.4 Infrared Spectrometer 红外光谱仪

Infrared spectroscopy is a type of absorption spectroscopy. Therefore, a dispersive-type infrared spectrophotometer will have the same basic components as the instruments used for the study of absorption of ultraviolet and visible radiation, although the sources, detectors, and materials used for the fabrication of optical elements will be different.

Although high-quality dispersive instruments are now in use and will continue to be produced, the most important development in instrumentation for infrared spectroscopy has been increasedaccessibility of dedicated high-speed computers, which has led to the proliferation of Fourier transform infrared spectrometers.

The three main types of infrared sources now in widely use are: the Nernst glower, the Globar and the tightly wound coil of nichrome(镍铬耐热合金)wire.

The two general classes of infrared detectors now in use are: photon detector, which are based on the photoconductive effect that occurs in certain semiconductor materials; and thermal detectors, in which absorption of infrared radiation produces a heating effect, which in turn alters a physical property of the detector, such as its resistance.

The structure of an unknown compound can be deduced from its infrared spectrum with the help of other spectroscopic information and physical data.

An examination of the infrared spectrum indicates the various X-H bonds present in the molecule and the present or absence of triple or double bonds, carbonyl group, aromatic rings, and other functional groups. This information, together with other datasuch as elemental analysis, molecule weights, Raman, UV, MS and NMR spectra will suggest various possible structures.

The infrared and Raman spectra can be searched in detail for bands due to the various groups in the postulated structures. Comparison with published infrared spectra of compounds having the suggested or a similar structure should be made. Also, the computer attached to a modern FT-IR spectrometer often has a search routine and a library of infrared spectra, which may be searched for spectra that most closely match the spectrum of the unknown compound.

9.5 Nuclear Magnetic Resonance Spectrometry 核磁共振波谱

The nuclei of certain isotopes behave as though they are bar magnets. Two of the more relevant nuclei are hydrogen-1 and carbon-13. When compounds containing these isotopes are placed in a strong external magnetic field, the nuclear magnets orient parallel to the external field. Irradiating them with electromagnetic energy in the radio part of the spectrum causes them to slip in the opposite direction. When they return to the lower energy orientation, the added energy is emitted as a photon. The energy of the photon is characteristic of the environment of the nucleus being observed. An instrument known as a Nuclear Magnetic Resonance (NMR) Spectrometer is designed to allow the observation of the nuclei as they relax from resonance. The NMR spectrometer excites the nuclei and then observes the signal as the energy of the nuclei decays back to the ground state, involves measuring the absorption of radio frequency radiation by a sample material that is placed in a strong magnetic field. The radiation used is in the 100 MHz range.

An NMR instrument consists of a radio frequency source that is stable in both frequency and power, a highly sensitive radio frequency receiver, and a magnet that produces a steady, strong field.

The sample in a common NMR experiment consists of a relatively concentrated solution of the solid or liquid being investigated. If the sample is a liquid, it is best to use thepure liquid. The most sensitive CW (continuous wave) instrument can obtain a spectrum in a few minutes with a mg of sample, close to the lower limit for CW ^{1}H-NMR. The more commonly available instruments require 10 mg of sample for proton NMR. The sample is placed in the bottom of a precisely cylindrical tube 5 mm in diameter to a depth of 2 ~ 3cm. Standard tubes are 20 ~ 25cm long. This tube is spun around its long axis in the sample compartment. The reason for spinning the sample is to average out some of the imperfection in the constant magnetic field. This is critical because the resolution of the spectrum depends on the quality (the homogeneity) of the magnetic field.

In NMR spectroscopy, the energy of the transition depends on molecular, atomic properties, and the magnetic field. Also, as in other spectrometries, the magnitude of the power absorbed is proportional to the concentration of the absorbing species. Thus, for a sample containing protons, if we excite the proton nuclei, the signal that is measured is proportional to the number of protons in the sample. This is the basis of the measurement in the NMR application.

9.6 Mass Spectrometer 质谱仪

The mass spectrometer is an instrument which can measure the masses and relative concentrations of atoms and molecules. It makes use of the basic magnetic force on a moving charged particle. A mass spectrometer consists of inlet system, ion source, mass analyzer, detector and vacuum system.

Mass spectrometry (MS) is an analytical technique that ionizes chemical species and sorts the ions based on their mass-to-charge ratio. In simpler terms, a mass spectrum measures the masses within a sample. Mass spectrometry is used in many different fields and is applied to pure samples as well as complex mixtures.

A mass spectrum is a plot of the ion signal as a function of the mass-to-charge ratio. These spectra are used to determine the elemental or isotopic signature of a sample, the masses of particles and of molecules, and to elucidate the chemical structures of molecules, such as peptides and other chemical compounds.

In a typical MS procedure, a sample, which may be solid, liquid, or gas, is ionized, for example by bombarding it with electrons. This may cause some of the sample's molecules to break into charged fragments. These ions are then separated according to their mass-to-charge ratio, typically by accelerating them and subjecting them to an electric or magnetic field: ions of the same mass-to-charge ratio will undergo the same amount of deflection. The ions are detected by a mechanism capable of detecting charged particles, such as an electron multiplier. Results are displayed as spectra of the relative abundance of detected ions as a function of the mass-to-charge ratio. The atoms or molecules in the sample can be identified by correlating known masses to the identified masses or through a characteristic fragmentation pattern.

From Wikipedia, the free encyclopedia
https://en.wikipedia.org/wiki/Mass spectrometry

References

[1] 刘宇红．化学化工专业英语[M]．北京：化学工业出版社，2006：1-43，46-47，77-86，127-145，174-185.

[2] 刘清波，赵三银．化工行业英语[M]．广州：暨南大学出版社，2014：30-36，56，114-116.

[3] 李宁，孟诗云，丁社光．化学化工类专业英语[M]．成都：西南交通大学出版社，2014：1-2，26-28，48-52，71-73，77-82.

[4] 张小军．化工专业英语．[M]．北京：化学工业出版社，2015：1-3，25-26，72-74，78-81，132-137.

[5] 范东生，姚如富．化学化工专业英语[M]．合肥：中国科学技术大学出版社，2011：2，13-19.

[6] 吴霜，张永昭．精细化工专业英语[M]．杭州：浙江大学出版社，2016：18-23.

[7] 乔琳．化工专业英语(煤化工方向)[M]．北京：化学工业出版社，2013：1-3，6-7，11-12，21-23，26-27，51-52，56-57.

[8] 万有志，王幸宜．应用化学专业英语[M]．北京：化学工业出版社，2009：113-114，118.

[9] 谢小苑．科技英语翻译技巧与实践[M]．北京：国防工业出版社，2010：45，65，88，112，129，152，183，205，226，

[10] 科学出版社名词室．英汉化学化工词汇[M]．北京：科学出版社，2016.

[11] Roger Prud. Flows and Chemical Reaction in Homogeneous Mixtures. ISTE Ltd and John Wiley & Sons，Inc. USA. 2013.

[12] W. L. McCabe，et al. Unit Operations of Chemical Engineering. McGraw-Hill Inc. USA. 2003

[13] Dan Li，et al. Graphene-Based Materials. Science，2008.

[14] Carl Schaschke. Dictionary of Chemical Engineering[M]. Oxford University Press，UK. 2014：89-90

[15] Outline of energy development[EB/OL]. From Wikipedia，the free encyclopedia Retrieved on 2016-08-15. https：//en. wikipedia. org/wiki/Outline of energy development.

[16] Global Chemicals for Cosmetics & Toiletries Market Outlook [EB/OL] (2014 - 2022). http：//www. linkedin. com/pulse/global-chemicals-cosmetics-toiletries-market-outlook-2014-2022-kumar

[17] 戴子浠．有机物国际命名[M]．北京：中国石化出版社，2005.

[18] 贾长英，唐丽华，张晓娟，等．科技英语的特点与教学研究[J]．沈阳工业大学高等教育研究，2011，2：37-40.

[19] 贾长英，唐丽华，张晓娟，等．化工专业英语的教学与实践[J]．化工高等教育研究，2014，6：81-84.

[20] 王慧莉，姜怡．学术交流英语[M]．北京：高等教育出版社，2007.

[21] 浙江大学外语教研室．实用科技英语语法[M]．北京：商务印书馆，1979：510-512.

[22] 刘庆文．化学化工基础英语[M]．北京：化学工业出版社，2016：75，77，83，96-97，115.

[23] Wikipedia，the free encyclopedia. https：//en. wikipedia. org/wiki/Mass spectrometry